生物工程开放实验

（工科类专业适用）

SHENGWU GONGCHENG
KAIFANG SHIYAN

张爱利　主编

化学工业出版社

·北京·

内 容 简 介

生物工程开放实验和专业实验教学可以培养学生对问题的分析能力、设计开发能力、研究能力和工程实践能力，可以提高学生的综合素质和创新能力。河北工业大学化工学院生物工程系结合教学和科研工作，在生物工程开放实验、基因工程实验和专业实验讲义的基础上，考虑到内容的实用性、前瞻性和创新性，增加了内容的完整性、连贯性和系统性，编成此教材。本书共分五章：第一章包括十一个核酸研究与基因重组的基础实验；第二章包括五个细胞培养与发酵实验；第三章包括四个蛋白质的分离纯化与鉴定实验；第四章包括五个酶学实验；第五章包括五个生物活性物质的分离及鉴定实验。本教材适用于生物化工、生物工程、生物技术、制药工程和食品工程等专业本科生阅读。

图书在版编目（CIP）数据

生物工程开放实验 / 张爱利主编. —北京：化学工业出版社，2021.5（2023.1重印）
ISBN 978-7-122-38708-0

Ⅰ.①生…　Ⅱ.①张…　Ⅲ.①生物工程-实验-高等学校-教材　Ⅳ.①Q81-33

中国版本图书馆 CIP 数据核字（2021）第 045081 号

责任编辑：陈燕杰　　　　　　　　　　　　装帧设计：王晓宇
责任校对：田睿涵

出版发行：化学工业出版社（北京市东城区青年湖南街 13 号　邮政编码 100011）
印　　装：北京天宇星印刷厂
710mm×1000mm　1/16　印张 10½　字数 177 千字　2023 年 1 月北京第 1 版第 2 次印刷

购书咨询：010-64518888　　　　　　　　　售后服务：010-64518899
网　　址：http://www.cip.com.cn
凡购买本书，如有缺损质量问题，本社销售中心负责调换。

定　　价：39.00 元　　　　　　　　　　　　版权所有　违者必究

《生物工程开放实验》编写人员

主　　编　张爱利

副主编　姜艳军　周丽亚

参　　编　卢　珂（河北工业大学化工学院生物工程系）

　　　　　刘　伟（河北工业大学化工学院生物工程系）

　　　　　刘冠华（河北工业大学化工学院生物工程系）

　　　　　杨春燕（河北工业大学化工学院生物工程系）

　　　　　吴兆亮（河北工业大学化工学院生物工程系）

　　　　　张爱利（河北工业大学化工学院生物工程系）

　　　　　金红星（河北工业大学化工学院生物工程系）

　　　　　周丽亚（河北工业大学化工学院生物工程系）

　　　　　姜艳军（河北工业大学化工学院生物工程系）

　　　　　贺　莹（河北工业大学化工学院生物工程系）

　　　　　高　静（河北工业大学化工学院生物工程系）

生物工程是生物化学、微生物学、分子生物学、细胞生物学、化学工程和能源学等学科的融合，其应用范围十分广泛，包括生物、医药、食品、化工、能源、环保、农林等方面。生物工程专业培养具备生物学与工程学方面的基本知识以及自然科学和人文科学基础知识，能在生物技术与工程等相关领域从事生物工程产品生产、工艺设计、生产管理、新技术研究和新产品开发的学科交叉应用型人才。生物工程开放实验和专业实验教学可以培养学生对问题的分析能力、设计开发能力、研究能力和工程实践能力，提高学生的综合素质和创新能力，对生物工程专业本科教学培养目标达成有重要支撑作用。河北工业大学化工学院生物工程系结合教学和科研工作，在生物工程开放实验、基因工程实验和专业实验讲义的基础上，考虑到内容的实用性、前瞻性和创新性，增加了内容的完整性、连贯性和系统性，编成此教材。

本教材可作为生物化工、生物工程、生物技术、制药工程和食品工程等专业本科生开放实验、基因工程实验和专业实验课程参考书。全书依据生物工程相关产品的特点与生产规律，按照生物产品生产过程中的上游、中游、下游的特点与共性问题安排和设计实验内容。本书共分五章：其中第一章包括十一个核酸研究与基因重组的基础实验，介绍常用的 DNA 和 RNA 的提取与验证实验、DNA 重组和转化实验及细菌三亲本杂交实验；第二章包括五个细胞培养与发酵实验，介绍原生质体分离、植物愈伤组织培养和分化、摇瓶和发酵罐培养微生物及发酵过程的控制方法；第三章包括四个蛋白质的分离纯化与鉴定实验，介绍细胞或组织中提取总蛋白、蛋白质免疫印迹（Western blotting）和凝胶色谱法分离纯化蛋白质的原理和方法；第四章包括五个酶学实验，介绍发酵法产酶制剂的条件优化、酶活力的测定、固定化酶和交联酶聚集体的制备原理和方法；第五章包括五个生物活性物质的分离及鉴定实验，介绍 HPLC 法测定发酵液中的目标产物，以及等电点沉淀法、多元萃取法和超临界萃取法提取生物活性物质的原理和方法等。

本教材编写过程中得到了河北工业大学化工学院生物工程系教师们的大力支持。第一章由金红星和张爱利编写；第二章由金红星、张爱利、刘伟和杨春燕编写；第三章由张爱利和刘冠华编写；第四章由高静、姜艳军、周丽亚、贺莹和张爱利编写；第五章由吴兆亮、张爱利、刘伟和卢珂编写；附录和书中的图由卢珂、研究生苏意德和张伟伟整理绘制；赵艳丽、殷昊和马丽结合日常实验教学向编者提供了很多宝贵经验。最后全书的统编工作由张爱利完成，姜艳军和周丽亚审核。

另外，天津大学陈涛教授对本教材的编写提出了许多宝贵意见，在此谨表示感谢！同时，编者向社会各界同行、老师、同学和同事以及河北工业大学各级领导多年来给予的支持和鼓励表示感谢！

生物工程开放实验是蓬勃发展中的综合性应用学科，可激发学生的科研热情，提高学生的实践能力和创新能力。由于编者知识和经验有限，书中难免有不足之处，敬请读者提出宝贵意见。

编者

2021 年 1 月

生物工程开放实验

第一章

核酸研究与基因重组实验

教学目标

◉ 1. 了解提取核酸（DNA 和 RNA）的原理。

◉ 2. 熟练掌握提取细菌和酵母染色体 DNA 的方法。

◉ 3. 熟练掌握提取质粒的方法。

◉ 4. 熟练掌握聚合酶链反应（PCR）的原理和方法。

◉ 5. 熟练掌握 DNA 重组的基本过程和方法。

◉ 6. 熟练掌握 DNA 转化大肠杆菌和酵母的方法。

◉ 7. 熟练掌握提取细胞或组织 RNA 的方法。

◉ 8. 掌握 Northern 杂交的原理和基本过程。

◉ 9. 掌握酵母等位基因分离及遗传分析的方法。

◉ 10. 掌握细菌三亲本杂交的原理和方法。

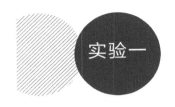

实验一 / 细菌总 DNA 的制备和分光光度法定量

一、实验目的

1. 了解 SDS 裂解法提取细菌总 DNA 的原理。
2. 熟练掌握 SDS 裂解法提取细菌总 DNA 的方法和操作过程。
3. 掌握 DNA 的紫外分光光度法定量及荧光分光光度法测定。

二、实验原理

1. CTAB 法提取 DNA 的原理

CTAB（十六烷基三甲基溴化铵）是一种阳离子去污剂，可以从低离子强度溶液中沉淀核酸与酸性多聚糖。在高离子强度的溶液中（＞0.7mol/L NaCl），CTAB 能与蛋白质、多聚糖形成复合物，但不能沉淀；当溶液的离子强度降低到一定程度（0.3mol/L NaCl）时，CTAB 与蛋白质、多聚糖复合物可从溶液中沉淀，通过离心可将 CTAB-核酸的复合物与蛋白质、多糖类物质分开。因此，CTAB 可用于从产黏多糖的有机体如植物以及某些革兰氏阴性菌中制备纯化 DNA。

SDS（十二烷基硫酸钠）能溶解蛋白质而破坏细胞膜。SDS 能与蛋白质结合成为 $R—O—SO_3\cdots R^+$—蛋白质的复合物，有助于消除与 DNA 结合的蛋白质，离心时使蛋白质沉淀。

2. 紫外分光光度法测定核酸的原理

在 pH3.0～9.1 范围内，激发波长 $E_x=362nm$、发射波长 $E_m=531nm$、光谱狭缝 $E_x=10nm$、$E_m=10nm$ 条件下，DNA 可与盐酸小檗碱嵌合产生荧光，故可用于 DNA 的定量检测。

三、实验仪器、材料和试剂

1. 仪器

恒温摇床、恒温水浴锅、低温高速离心机、紫外分光光度计、荧光分光光度计。

2. 材料

大肠杆菌 DH5α。

3. 试剂

（1）氯仿/异戊醇（体积比 24∶1）。

（2）异丙醇。

（3）TE 溶液：10mmol/L Tris-HCl、1mmol/L EDTA、pH8.0。

（4）NaCl 溶液：5mol/L。

（5）CTAB/NaCl：10％ CTAB、0.7mol/L NaCl。

（6）20％ SDS。

（7）LB 培养基：1％蛋白胨、0.5％酵母膏、1％NaCl、pH7.0。

（8）Tris 饱和酚（pH8.0）。

四、实验步骤

1. 细菌总 DNA 的提取

（1）取单菌落接种于装有 5mL LB 液体培养基的试管中，于 37℃恒温摇床上 250r/min 振荡培养过夜。

（2）次日，将上述菌液以 1％接种量接种到装有 50mL LB 液体培养基的摇瓶中，于 37℃恒温摇床上 250r/min 振荡培养过夜。

（3）取菌液 2mL 于 10000r/min 离心 2min 收集菌体。

（4）用 TE 溶液洗涤菌体 2 次，即加入 20μL 溶液并用移液器吹打菌体使其充分悬浮起来，离心收集菌体。

（5）在菌体中加入 565μL TE 溶液并使细胞悬浮起来，再加入 35μL 20％ SDS 溶液，于 37℃恒温水浴放置 1h。

（6）加入 5mol/L NaCl 溶液 100μL、CTAB/NaCl 溶液 80μL，于 65℃ 水浴放置 10min。

（7）加入等体积氯仿/异戊醇（780μL），混匀，12000r/min 离心 5min。取上清到新离心管中加入等体积的酚、氯仿/异戊醇（各 390μL），混匀，12000r/min 离心 5min。

（8）取上清于新离心管中，加入 0.6 倍体积的异丙醇，混匀，12000 r/min 离心 10min。

（9）弃上清，晾干，溶于 50μL TE 溶液中，−20℃保存备用。

2. DNA 纯度测定操作步骤

（1）分光光度计先用水在 260nm、280nm 和 310nm 三个波长下校零。

（2）取 DNA 样品 20μL，用水稀释 100 倍，转入分光光度计的石英比色杯中。

（3）在 260nm 和 280nm 分别读出样品光密度值。若比值（OD_{260}/OD_{280}）大于 1.8，说明仍有 RNA 残留，可以考虑用 RNA 酶处理样品，若小于 1.8，说明样品中含有蛋白质或酚，应再用酚/氯仿抽提，用乙醇沉淀纯化 DNA。

（4）在 310nm 读出样品光密度值，按照式（1-2）计算 DNA 样品的浓度。

（5）取 DNA 样品 20μL，加入 10mg/L 盐酸小檗碱溶液 100μL，再加入双蒸水 2880μL，混合均匀后在激发波长 $E_x = 362nm$、发射波长 $E_m = 531nm$、光谱狭缝 $E_x = 10nm$、$E_m = 10nm$ 条件下，测定并记录样品荧光强度。

3. DNA 纯度计算方法

根据在 260nm 和 310nm 处的读数可计算出样品的核酸浓度，1OD 值相当于 50μg/mL 双链 DNA。浓度单位为 μg/mL，计算公式如下：

（1）对于 ssDNA：[ssDNA]=33×（OD_{260}−OD_{310}）×稀释倍数 （1-1）

（2）对于 dsDNA：[dsDNA]=50×（OD_{260}−OD_{310}）×稀释倍数 （1-2）

（3）对于 ssRNA：[ssRNA]=40×（OD_{260}−OD_{310}）×稀释倍数 （1-3）

利用 260nm 和 280nm 两处读数的比值（OD_{260}/OD_{280}）可估计核酸的纯度。

（1）纯 DNA 制品的 OD_{260}/OD_{280} 值为 1.8。

（2）若样品中蛋白或酚的污染较严重则 OD_{260}/OD_{280} 低于 1.8。

（3）若 OD_{260}/OD_{280} 值高于 1.8，说明 DNA 样品中有 RNA 污染，就不可能通过分光光度法进行精确定量。

【注意事项】为了使总 DNA 尽可能保持完整，应该注意：①在制备过程中不可避免地产生机械剪切力使 DNA 断裂，因此要尽可能地温和操作；②分子热运动也会影响 DNA 分子，因而尽可能在低温下进行提取；③核酸酶也会降解 DNA，因此提取液中加入 EDTA 螯合二价金属离子，从而抑制核酸酶的活性。

五、思考题

1. 从微生物细胞中提取核酸包括哪些基本步骤？

2. 为什么说 SDS 裂解法提取的是细菌总 DNA，而不是染色体 DNA 呢？

3. 荧光分光光度法测定 DNA 时，为什么不用 EB，而是用盐酸小檗碱呢？

参 考 文 献

[1] 格林，萨姆布鲁克.分子克隆实验指南：第 4 版.贺福初，主译.北京：科学出版社，2017.

[2] 金红星.基因工程.北京：化学工业出版社，2016.

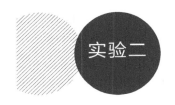

实验二 / 质粒 DNA 的提取和凝胶电泳检测

一、实验目的

1. 了解碱裂解法从大肠杆菌提取质粒 DNA 的原理。
2. 掌握采用碱裂解法从大肠杆菌中提取质粒 DNA 的方法及操作过程。
3. 熟悉琼脂糖凝胶电泳的操作过程。

二、实验原理

1. 碱裂解法提取质粒 DNA 的原理

提取质粒 DNA 有多种方法，所有这些方法都包括三个基本步骤：培养细菌使质粒扩增，收集和裂解细菌，分离和纯化质粒 DNA。碱裂解法是一种应用最为广泛的抽提质粒 DNA 的方法，其基本原理如下。

（1）用 NaOH 与 SDS 溶液处理细菌，NaOH 可使细胞膜的双层膜结构（bilayer）变成微囊结构（micelle），导致细菌细胞破裂，从而使质粒 DNA 以及染色体 DNA 从细胞中同时释放出来。

（2）蛋白质和染色体的沉淀：①SDS 与蛋白质结合产生沉淀；②K^+ 取代 SDS 中的 Na^+ 成为不溶于水的 PDS；③高浓度的盐，使得沉淀更完全；④长长的染色体 DNA 被 PDS 共沉淀。

2. 琼脂糖凝胶电泳分离核酸的原理

琼脂糖是一种从海藻中提取出来的线状高聚物，当熔化再凝固后就会形成固体基质，其密度取决于溶液中所含琼脂糖的量。带负电荷的核酸就可以在这种基质中，于电场的作用下向阳极移动。核酸在琼脂糖基质中的迁移率取决于下列参数：①DNA 的分子大小；②琼脂糖的浓度；③DNA 的构象；④所加电压；⑤碱基组成与温度；⑥嵌入的染料；⑦电泳缓冲液的组成等。琼脂糖浓度对核酸迁移率的影响是：一定大小的 DNA 片段，在不同浓度的琼脂糖凝胶中的迁移率不同；在一定浓度的琼脂糖凝胶能够分辨的核酸片段大小范围内，核酸片段的迁移率顺序与其分子量大小顺序相反。

3. 溴化乙锭（EB）染色的原理

溴化乙锭（ethidium bromide）的化学名称是3,8-二氨基-5-乙基-6-苯基菲锭溴盐（3,8-diamino-5-ethyl-6-phenyl-phenanthridine bromide），简称EB或EtBr。由于溴化乙锭分子插入，在紫外线的照射下，琼脂糖凝胶电泳中DNA的条带呈现出橘黄色的荧光，便于检测。EB能插入DNA分子中的碱基对之间，完成与DNA结合（超螺旋DNA与EB结合能力小于双链闭环，而双链闭环DNA与EB结合能力小于线状双链DNA），DNA所吸收的260nm的紫外线（UV）传递给EB，或者结合的EB本身在300nm和360nm吸收的射线均在可见光谱的红橙区，以590nm波长发射出来。EB染色具有以下优点：①操作简便快速，室温下染色15～20min；②不会使核酸断裂；③灵敏度高，10ng或更少的DNA即可检出；④可以加到样品中，随时用紫外吸收追踪检查。但应特别注意的是，EB是诱变剂，配制和使用时，应戴乳胶（或一次性塑料）手套，并且不要将该染色液洒在桌面或地面上，凡是接触EB的器皿或物品，必须经特殊处理后，再进行清洗或弃去。

三、实验仪器、材料和试剂

1. 仪器

高速离心机，电泳槽和电泳仪，凝胶成像系统。

2. 材料

携带有pUC19的大肠杆菌DH5α。

3. 试剂

（1）LB培养基：1%蛋白胨、0.5%酵母膏、1%NaCl、pH7.0。

（2）溶液Ⅰ（GET）：50mmol/L葡萄糖（glucose）、10mmol/L EDTA（pH8.0）、25mmol/L Tris/HCl（pH8.0）。溶液Ⅰ可成批配制贮存于4℃。

（3）溶液Ⅱ（变性液）：0.2mol/L NaOH（临用前用10mol/L贮存液现用现稀释）、1% SDS（SDS无须高压灭菌。SDS有毒，且微细晶粒易于扩散，故称量时要戴口罩，称量完后要清除在称量工作区和天平上的SDS）。

（4）溶液Ⅲ：5mol/L醋酸钾60mL，冰醋酸11.5mL，水28.5mL。所配成的溶液钾离子浓度是3mol/L，醋酸根浓度是5mol/L。

（5）异丙醇。

（6）70％乙醇。

（7）TE 缓冲液。

（8）电泳缓冲液（TBE）：称取 Tris 碱 108g、硼酸 55g，0.5mol/L EDTA（pH8.0）40mL，用 H_2O 定容到 1000mL，高压灭菌作为 10×贮液，稀释 10 倍后作为工作液使用。

（9）点样液（6×）：0.25％溴酚蓝、质量分数为 40％的蔗糖水溶液。

（10）EB（溴化乙锭）染色液（10mg/mL）：在 20mL H_2O 中溶解 0.2g 溴化乙锭，混匀后于 4℃避光保存。

四、实验步骤

（一）质粒 DNA 的提取

（1）将带有质粒 pUC19 的大肠杆菌接种到含有氨苄西林（50μg/mL）的 LB 液体培养基中，37℃振荡培养 12～16h。

（2）取液体培养液 2mL 于 2mL 离心管中，10000r/min 离心 1min，弃上清，加入 100μL 溶液Ⅰ，充分混匀后室温放置 5min。

（3）加入 200μL 新配制的溶液Ⅱ，颠倒 2～3 次使之混匀，冰上放置 5min。

（4）加入 150μL 冰冷的溶液Ⅲ，颠倒数次混匀后，冰上放置 5min。

（5）10000r/min 离心 5min，将上清转移至另一离心管中，并加入等体积异丙醇混匀，室温放置 5min，12000r/min 离心 10min，弃上清。

（6）沉淀用 70％乙醇清洗一次，离心管倒置于超净工作台，除尽乙醇，室温自然干燥。

（7）加入 20μL TE 缓冲液，室温放置 30min 以上，使 DNA 充分溶解。

（二）质粒的电泳检测

1. 琼脂糖凝胶的制备

（1）琼脂糖凝胶液的制备　称取 0.4g 琼脂糖，置于锥形瓶中，加入 50mL TBE 工作液，瓶口倒扣一个小烧杯或小平皿，将该锥形瓶置于微波炉加热至琼脂糖溶解（分离小于 0.5kb 的 DNA 片段所需凝胶浓度为 1.2％～1.5％，分离大于 10kb 的 DNA 片段所需凝胶浓度为 0.3％～0.7％，DNA 片段大小在两者之间，则所需凝胶浓度为 0.8％～1.0％）。

（2）胶板的制备　将有机玻璃内槽洗净、晾干，放入制胶模具中，并在固定位置插入梳子。冷却至 65℃ 左右的琼脂糖凝胶液中加入 EB 染色液 $10\mu L$，将轻轻摇匀，小心地倒在有机玻璃内槽上，使胶液缓慢地展开，直到在整个有机玻璃板表面形成均匀的胶层。室温下静置 30min 左右，凝固完全后，轻轻拔出梳子，这时在胶板上即形成相互隔开的点样孔。将铺好胶的有机玻璃内槽放入含有电泳缓冲液 TBE 的电泳槽中备用。

2. 加样

用微量加样器将上述样品分别加入胶板的样品孔内。每点完一个样品，换一个吸头。点样时应防止碰坏样品孔周围的凝胶面，本实验样品孔容量约 $15\mu L$。

3. 电泳

点样后的凝胶板可以通电进行电泳。建议在 $80\sim100V$ 的电压或 20mA 下电泳。当溴酚蓝移动到胶板中间处，停止电泳。在低电压条件下，线形 DNA 片段的迁移速度与电压成比例关系。但在电场强度增加时，不同分子量的 DNA 片段泳动度的增加是有差别的。琼脂糖凝胶的有效分离范围会随电压的增加而减小。为了获得电泳分离 DNA 片段的最大分辨率，电场强度不应高于 5V/cm。电泳温度视需要而定，对大分子 DNA 的分离以低温为好，也可在室温下进行。在琼脂糖凝胶浓度低于 0.5% 时，由于胶太稀，最好在 4℃ 进行电泳。

4. 观察

将电泳完成后，在紫外灯（波长 254nm 或 302nm）下，观察凝胶。DNA 存在处显示出橘黄色的荧光条带。一般紫外线激发 30s 左右，可观察到清晰的条带。在紫外灯下观察时，应戴上防护眼镜或有机玻璃防护面罩，避免眼睛受到强紫外线损伤。采用凝胶成像系统拍摄电泳带谱。

五、思考题

1. 在碱裂解法提取质粒 DNA 的过程中，为什么加完溶液 Ⅱ 和溶液 Ⅲ 后必须轻轻地混匀？

2. 将 EB 加入琼脂糖凝胶液中并进行电泳时，为什么进行到胶板的一半时就停止？

参考文献

[1] 格林，萨姆布鲁克.分子克隆实验指南：第 4 版.贺福初，主译.北京：科学出版社，2017.

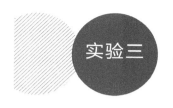

实验三　酵母染色体 DNA 的提取及验证实验

一、实验目的

1. 掌握酿酒酵母染色体 DNA 的提取和纯化方法。
2. 熟悉琼脂糖凝胶电泳的方法。

二、实验原理

酿酒酵母与动物和植物细胞具有很多相同的结构，且易于培养，因此被用作研究真核生物的模式生物。由于其发酵工艺成熟、生物安全性高，酿酒酵母被广泛应用于食品、医药、环境、能源等领域的科学研究与工业生产。酿酒酵母染色体的提取与纯化是科学研究与工业生产中验证酵母细胞的重要方法。本实验将采用玻璃珠机械振荡破碎酿酒酵母细胞，用酚/氯仿/异戊醇抽提的方法提取和纯化酿酒酵母染色体 DNA。

酚和氯仿是非极性分子，水是极性分子，当蛋白质水溶液与酚或氯仿混合时，蛋白质分子之间的水分子被酚或氯仿挤去，使蛋白质失去水合状态而成为变性的蛋白质。变性蛋白质的密度比水的密度大，经过离心后变性蛋白质可与水相分离，沉淀在水相下面，与溶解在水相中的 DNA 分开。有机溶剂酚和氯仿的密度更大，离心后保留在最下层。异戊醇可以降低表面张力，减少蛋白质变性过程中产生的气泡。另外，异戊醇有助于分相，使离心后含 DNA 水相的上层、含变性蛋白质固体相的中间层及含有机溶剂相的下层维持稳定。抽取上层 DNA 水相后，加 2 倍体积的无水乙醇与 DNA 水相混合，乙醇会夺去 DNA 周围的水分子，使 DNA 失水而易于聚合，离心后得到 DNA 沉淀。DNA 沉淀用 TE 缓冲液溶解，再用 RNA 酶除去 RNA 后可得到纯品 DNA。可用分光光度法或琼脂糖凝胶电泳验证 DNA 的纯度和浓度。

三、实验仪器、材料和试剂

1. 仪器

721 型分光光度计，恒温摇床，旋涡振荡器，水浴锅，离心机，水平凝胶电泳仪，移液器（量程分别为 1mL、200μL、10μL），试管，酸洗玻璃珠（acid-washed，425～600μm，Sigma），1.5mL 离心管，吸头等。

2. 材料

酿酒酵母菌 W303-1A。

3. 试剂

（1）琼脂糖。

（2）无水乙醇。

（3）1mg/mL RNA 酶。

（4）Tris·HCl 溶液：50mmol/LTris 碱，盐酸调节 pH 值至 8.0。

（5）EDTA 溶液：0.5mol/L EDTA，NaOH 调节 pH 值至 8.0。

（6）TE 溶液：10mmol/L Tris·HCl，1mmol/L EDTA，NaOH 调节 pH 值至 8.0。

（7）破菌缓冲液：

Triton X-100	2%（体积分数）	SDS	10g/L
NaCl	100mmol/L	Tris·HCl(pH8.0)	10mmol/L
EDTA	1mmol/L		

（8）Tris 饱和酚。

（9）酚/氯仿/异戊醇：25∶24∶1（体积比），充分混匀后静置过夜。

（10）NaAc：3mol/L NaAc，冰醋酸调节 pH 值至 7.0。

（11）Tris-乙酸（TAE）缓冲液：

① 50×储存液，2mol/L Tris 碱，0.05mol/L EDTA，冰醋酸调节 pH 值至 8.0。

② 0.5×工作液，用时将上述储存液稀释 100 倍。

（12）YPD 液体培养基：酵母抽提物（yeast extract，10g/L），蛋白胨（peptone，20g/L），葡萄糖（D-glucose，2%，单独灭菌），pH 自然。

四、实验步骤

（一）酵母染色体的快速分离

（1）将酵母菌接种于 10mL YPD 培养基中，置于 30℃ 空气浴摇床中 225r/min 振荡培养过夜。

（2）将培养液分装于 1.5mL 离心管中，室温下 12000r/min 离心 30s，弃上清，加 0.5mL 去离子水洗涤菌体，弃上清。

（3）加入 200μL 破菌缓冲液重悬细胞。

（4）加入 200μL 酸洗玻璃珠和 200μL 酚/氯仿/异戊醇，高速振荡 3～4min。

（5）加 200μL TE 缓冲液，快速振荡，室温下 13000r/min 高速离心 5min，将上清转移至一个新的离心管中。

（6）向上清液中加入等体积的酚/氯仿/异戊醇抽提，室温下 13000r/min 离心 5min（抽提至无中间沉淀相），将上清转移至一个新的离心管中。

（7）加入 2.5 倍体积冰冷的无水乙醇，颠倒混匀。

（8）室温下 13000r/min 离心 3min，弃上清，沉淀用 0.4mL TE 溶解。

（9）加 3μL 1mg/mL RNA 酶混合，37℃ 温育 5min。

（10）加入 10μL 3mol/L NaAc 及 1mL 无水乙醇，颠倒混匀。

（11）室温下 13000r/min 离心 3min，弃上清，干燥 DNA 沉淀，用 100μL TE 溶解 DNA。

（二）　DNA 的琼脂糖凝胶电泳

（1）制胶　称取一定量的琼脂糖，加入适量 0.5×TAE 缓冲液，使琼脂糖浓度为 0.7%，加热溶解，待冷却到约 60℃ 时，每 25mL 加入 1mL 10mg/mL EB 溶液，混匀后倒入插好点样梳的制胶板中（注意：要缓慢，避免产生气泡），室温静置 30～45min，使凝胶充分固化。

（2）点样　拔出点样梳，将胶移至有 0.5×TAE 缓冲液的电泳槽中，选一孔加入 2μL DNA Ladder 作参照。将样品与 Loading Buffer 混合后加入点样孔，点样量视 DNA 浓度而定。

（3）琼脂糖凝胶电泳　100V 恒压下电泳约 30min。

（4）观察　在凝胶成像仪上观察分析形成的 DNA 区带。

五、思考题

1.提取染色体 DNA 时应注意哪些事项？

2.提取的 DNA 溶解于室温的去离子水中，会发生什么现象？

3.凝胶电泳过程应注意哪些事项？

参 考 文 献

[1] Alelson J N，Simon M，Fink G R. Guide to yeast genetics and molecular and cell biology. Boston：Elsevier academic press，2004.

[2] 奥斯伯，布伦特，金斯顿，等.精编分子生物学实验指南：第 5 版.金由辛，包慧中，赵丽云，等译校.北京：科学出版社，2008.

实验四 / PCR 扩增 DNA 片段和电泳检测

一、实验目的

1. 以 pUC19 质粒为模板，设计并合成一对核苷酸引物，扩增出约 1100bp 的扩增产物-氨苄西林抗性基因表达盒。

2. 学习和掌握 PCR 基因扩增的操作方法，并深刻理解 PCR 基因扩增技术在基因工程中的重要性。

二、实验原理

聚合酶链反应（polymerase chain reaction，PCR）是一种选择性体外扩增 DNA 或者 RNA 片段的方法。其原理类似于 DNA 的天然复制过程，但 PCR 的反应体系要简单得多，主要包括 DNA 靶序列、与 DNA 靶序列单链 3′ 末端互补的合成引物、4 种脱氧核苷三磷酸（dNTP）、耐热 DNA 聚合酶以及合适的缓冲液体系。PCR 反应全过程包括以下 3 个基本步骤。

（1）变性（denaturation） 加热使模板 DNA 在高温下（94℃）变性，双链间的氢键断裂，从而形成 2 条单链 DNA 作为反应的模板。

（2）退火（annealing） 将反应体系冷却至特定的温度（引物的 T_m 值左右或以下），模板 DNA 与引物按碱基配对原则互补结合，形成模板-引物复合物。

（3）延伸（elongation） 将反应体系的温度提高到 72℃ 并维持一段时间，耐热 DNA 聚合酶以单链 DNA 为模板，在引物的引导下，利用反应混合物中的 4 种 dNTP，按 5′→3′ 方向复制出互补 DNA。

上述 3 步即高温变性、低温退火、中温延伸 3 个阶段，为 1 个循环。从理论上讲，每经过 1 个循环，样本中的 DNA 量应该增加 1 倍，新形成的 DNA 链又可作为下一轮循环的模板，上述 3 个基本步骤构成的循环重复进行，经过 25～30 个循环后 DNA 可扩增 10^6～10^9 倍。经过扩增后的 DNA 产物大多介于引物与原始 DNA 相结合的位点之间。

三、实验仪器、材料和试剂

1. 仪器

手掌型离心机、冰浴器、PCR 仪、电泳槽和电泳仪、凝胶成像系统。

2. 材料

携带 pUC19 质粒的大肠杆菌 DH5α，pUC19 质粒。

3. 试剂

（1）dNTP　各 2.5mmol/L。

（2）DNA Taq 聚合酶。

（3）$10 \times Taq$ 聚合酶缓冲液　100mmol/L Tris-HCl(pH8.3)，500mmol/L KCl，15mmol/L $MgCl_2$。

四、实验步骤

1. 设计并合成一对引物

Amp 上游引物：5'CATCCATAGTTGCCTGA3'；

Amp 下游引物：5'ATCTCAACAGCGGTAAG3'。

2. PCR 操作（在冰浴器上操作）

（1）配制引物溶液：用超纯水将干粉溶解成 $100\mu mol/L$ 的储存液，再稀释成 $10\mu mol/L$ 的工作液。

（2）PCR 反应混合液的配制：按表 1-1 的加样顺序，在 0.2mL 无菌薄壁管中依次加入各成分。

表 1-1　50μL PCR 反应混合液的成分表

反应物	体积/μL	终浓度
ddH_2O	35	
$10 \times Taq$ 聚合酶缓冲液	5	1×
15mmol/L $MgCl_2$(包含在 DNA Taq 聚合酶缓冲液中)		1.5mmol/L
2.5mmol/L dNTP	4	各 $200\mu mol/L$
10mmol/L 引物 1	2	$0.4\mu mol/L$
10mmol/L 引物 2	2	$0.4\mu mol/L$
模板 DNA	1	
DNA Taq 聚合酶(先不加)	1	5U

（3）将反应混合液混匀，用手掌型离心机瞬时离心使所有液体汇集在管底（最后加 1 滴石蜡油，防止水分蒸发）。

（4）设置 PCR 扩增程序：

94℃ 5min（预变性）→94℃ 30s、55℃ 30s、72℃ 42s→72℃ 10min，30 个循环。

（5）预变性进行 4.5min 时暂停，置于冰浴 2min，然后加 Taq 酶并离心后，继续进行剩余的反应。（注：一对引物之间长度为 666nt。）

3. PCR 产物的检测

进行琼脂糖凝胶电泳。

（1）电泳的注意事项：不要忘记点 DNA Marker。

（2）电泳结束后观察并拍照。

五、注意事项——PCR 常见问题

1. 假阴性，不出现扩增条带

PCR 反应的关键环节有：①模板核酸的制备；②引物的质量与特异性；③酶的质量；④PCR 循环条件。寻找原因时亦应针对上述环节进行分析研究。

（1）模板　①模板中含有杂蛋白质；②模板中含有 Taq 酶抑制剂；③模板中蛋白质没有消化除净，特别是染色体中的组蛋白；④在提取制备模板时丢失过多，或吸入酚；⑤模板核酸变性不彻底。在酶和引物质量好时，不出现扩增带，极有可能是标本的消化处理、模板核酸提取过程出了毛病，因而要配制有效而稳定的消化处理液，其程序亦应固定，不宜随意更改。

（2）酶失活　需更换新酶，或新旧两种酶同时使用，以分析是否因酶的活性丧失或不够而导致假阴性。

（3）引物　引物质量、引物的浓度、两条引物的浓度是否对称，决定了 PCR 的成败或是否出现扩增条带不理想、容易弥散等现象。

（4）Mg^{2+} 浓度　Mg^{2+} 浓度对 PCR 扩增效率影响很大，浓度过高可降低 PCR 扩增的特异性，浓度过低则影响 PCR 扩增产量甚至使 PCR 扩增失败而不出现扩增条带。

（5）变性　变性对 PCR 扩增来说相当重要，如变性温度低，变性时间短，极有可能出现假阴性；退火温度过低，可致非特异性扩增而降低特异性扩增效率；退火温度过高，影响引物与模板的结合而降低 PCR 扩增效率。有时还有必要用标准的温度计，检测一下扩增仪内的变性、退火和延伸温度，这也是可能导致 PCR 失败的原因之一。

（6）靶序列变异　如靶序列发生突变或缺失，影响引物与模板特异性结合，或因靶序列某段缺失使引物与模板失去互补序列，其 PCR 扩增是不会成功的。

2. 出现非特异性扩增带

PCR 扩增后出现的条带与预计的大小不一致，或大或小，或者同时出现特异性扩增带与非特异性扩增带。非特异性条带的出现其原因一是引物与靶序列不完全互补，或引物聚合形成二聚体；二是 Mg^{2+} 浓度过高、退火温度过低及 PCR 循环次数过多。其次是酶的质和量，往往一些来源的酶易出现非特异性条带而另一来源的酶则不出现，酶量过多有时也会出现非特异性扩增。其对策有：必要时重新设计引物；减低酶量或调换另一来源的酶；降低引物量，适当增加模板量，减少循环次数；适当提高退火温度。

3. 出现片状拖带或涂抹带

PCR 扩增有时出现涂抹带或片状带或地毯样带。其原因包括：酶量过多或酶的质量差，dNTP 浓度过高，Mg^{2+} 浓度过高，退火温度过低，循环次数过多等。其对策有：减少酶量或调换另一来源的酶；降低 dNTP 的浓度；适当降低 Mg^{2+} 浓度；增加模板量，减少循环次数。

六、思考题

1. 为什么在 PCR 体系中 dNTP 的浓度不能过高？
2. 引物设计应注意哪些事项？
3. PCR 体系配制过程和反应过程分别应注意哪些事项？

参 考 文 献

[1] 格林，萨姆布鲁克. 分子克隆实验指南：第 4 版. 贺福初，主译. 北京：科学出版社，2017.

DNA 重组实验

一、实验目的

1.掌握重组 DNA 连接的原理和方法。
2.掌握重组子鉴定的方法。

二、实验原理

1. 重组 DNA 连接的原理

外源 DNA 片段与载体分子的连接称为 DNA 重组，这样重新组合的 DNA 分子叫做重组 DNA 分子。DNA 重组是在含有 Mg^{2+}、ATP 的连接缓冲液中，在 DNA 连接酶催化作用下，将分别经限制性内切酶酶切的载体分子与外源 DNA 分子进行连接。DNA 连接酶有两种：T_4 噬菌体 DNA 连接酶和大肠杆菌 DNA 连接酶。这两种 DNA 连接酶都有将带有相同黏性末端的两个 DNA 分子连接在一起的功能，而且 T_4 噬菌体 DNA 连接酶有一种大肠杆菌 DNA 连接酶没有的特性，即能使两个平末端的双链 DNA 分子连接起来。但这种连接的效率比黏性末端的连接效率低，一般可通过提高 T_4 噬菌体 DNA 连接酶浓度或增加 DNA 浓度来提高平末端的连接效率。

T_4 噬菌体 DNA 连接酶催化 DNA 连接反应分 3 步：首先，T_4 噬菌体 DNA 连接酶与辅助因子 ATP 形成酶-AMP 复合物；其次，酶-AMP 复合物再结合到具有 $5'$磷酸基和 $3'$羟基切口的 DNA 上，使 DNA 腺苷化；最后，产生一个新的磷酸二酯键，把切口封起来。连接反应的温度在 37℃时有利于连接酶的活性。但是在这个温度下，黏性末端的氢键结合是不稳定的，因此人们找到一个折中温度，即 12～16℃，连接 12～16h（过夜）。这样既可最大限度地发挥连接酶的活性，又兼顾短暂配对结构的稳定。

2. 重组子鉴定的原理

重组质粒转化宿主细胞后，还需对转化菌落进行筛选鉴定。利用 α 互补现象进行筛选是最常用的一种鉴定方法。现在使用的多数载体都带有一段大肠杆菌 β-半乳糖苷酶的启动子及其编码 α 肽链的 DNA 序列，此结构称为 *lacZ'* 基因。*lacZ'* 基因编码的 α 肽链是 β-半乳糖苷酶的短片段（146 个氨基酸）。宿主和质粒编码的片段各自都不具有酶活性，但它们可以通过片段互补的机制形成具有功能活性的 β-半乳糖苷酶分子。*lacZ'* 基因编码的 α 肽链与失去了正常氨基酸的 β-半乳糖苷酶突变体互补，这种现象称为 α 互补。由 α 互补而形成的有功能活性的 β-半乳糖苷酶，可以用 X-gal（5-溴-4-氯-3-吲哚-β-D-半乳糖苷）显色鉴定出来，它能将无色的化合物 X-gal 切割成半乳糖和深蓝色的底物 5-溴-4-靛蓝。因此，任何携带着 *lacZ'* 基因的质粒载体转化了染色体基因组存在着此种 β-半乳糖苷酶突变的大肠杆菌细胞后，便会产生出有功能活性的 β-半乳糖苷酶，在 IPTG（异丙基硫代 β-D-半乳糖苷酶）诱导后，在含有 X-gal 的培养基平板上形成蓝色菌落。而当外源 DNA 片段插入到位于 *lacZ* 中的多克隆位点后，就会破坏 α 肽链的阅读框，从而不能合成与受体菌内突变的 β-半乳糖苷酶相互补的活性 α 肽，而导致不能形成有功能活性的 β-半乳糖苷酶，因此含有重组质粒载体的克隆往往是白色菌落。

三、实验仪器、材料和试剂

1. 仪器

恒温摇床，恒温水浴锅，恒温培养箱，低温离心机，超净工作台；培养皿，接种针，玻璃涂棒，试管，酒精灯。

2. 材料

大肠杆菌 DH5α，pUC19 质粒。

3. 试剂

①胰蛋白胨。②酵母提取物。③氯化钠。④琼脂粉。⑤氨苄西林。⑥氯化钙。⑦IPTG。⑧X-gal。⑨KAc。⑩乙醇。⑪*Eco*RⅠ酶。⑫T$_4$DNA 连接酶及缓冲液。⑬ATP。⑭λDNA。

四、实验步骤

（一）制备重组 DNA

（1）在灭菌的 1.5mL 离心管中加入 pUC19 质粒 1μL（0.5μg/μL）、2μL

酶切缓冲液、无菌双蒸水 $16\mu L$、$1\mu L$ EcoR I 酶，反应混合物总体积为 $20\mu L$，离心混匀，$37℃$反应 2h。

（2）在另一 1.5mL 离心管中加入 λDNA $6\mu L$（$0.5\mu g/\mu L$）、$2\mu L$ 酶切缓冲液、无菌双蒸水 $10\mu L$、$2\mu L$ EcoR I 酶，反应混合物总体积为 $20\mu L$，离心混匀，$37℃$反应 2h。

（3）分别向酶解液加入 1/10 体积（$2\mu L$）的 3mol/L 醋酸钾（pH5.2）溶液，再加入 2 倍体积（$44\mu L$）的无水乙醇，放置于 $-20℃$冰箱沉淀 1h（沉淀 DNA）。于 $0\sim4℃$ 低温环境下 12000r/min 离心 15min，弃上清，加入 $500\mu L$ 70% 乙醇洗涤沉淀物（悬浮沉淀物），再于 $0\sim4℃$ 低温环境下 12000r/min 离心 10min，弃去上清，室温下开盖放置 $10\sim15$min，完全干燥后加 $5\mu L$ TE 溶液溶解。

（4）将酶切后的 2 个 DNA 片段各取 $4\mu L$ 混合于一个 0.5mL 离心管中，加 T_4DNA 连接酶缓冲液 $1\mu L$、ATP $1\mu L$、T_4DNA 连接酶 $1\mu L$，混匀，于 $14\sim16℃$保温过夜（$22℃$反应 2h）。次日做转化实验。

（二）制备涂菌的琼脂板

（1）配制 LB 液体培养基：胰蛋白胨 1g，酵母提取物 0.5g，氯化钠 1g，pH7.0（1mol/L NaOH 溶液 $100\mu L$），蒸馏水 100mL。

（2）配制 LB 固体培养基：胰蛋白胨 1g，酵母提取物 0.5g，氯化钠 1g，琼脂粉 1.5g，pH7.0（1mol/L NaOH 溶液 $100\mu L$），蒸馏水 100mL。温度为 $50\sim60℃$时，加入 $100\mu L$ 氨苄西林（100mg/mL）、$100\mu L$ IPTG（20mg/mL）、$100\mu L$ X-gal（40mg/mL），混匀，倒入培养皿，凝固后 $4℃$保存备用。

（三）制备感受态细胞

（1）从 $E.coli$ DH5α 平板上挑取一个单菌落接种于装有 5mL LB 液体培养基的试管中，于 $37℃$恒温摇床上振荡培养过夜。

（2）取 0.5mL 菌液转接到装有 20mL LB 液体培养基的摇瓶中，于 $37℃$恒温摇床上振荡培养 $2\sim3$h。

（3）取 1.0mL 菌液加入 1.5mL 离心管中，冰浴 10min。

（4）于 $0\sim4℃$低温环境下 10000r/min 离心 30s，弃上清液。

（5）加入 1mL 冰冷的 0.1mol/L $CaCl_2$ 溶液悬浮细胞，冰浴 30min。

（6）于 $0\sim4℃$低温环境下 10000r/min 离心 30s，弃上清液。

（7）加入 $100\mu L$ 冰冷的 0.1mol/L $CaCl_2$ 溶液悬浮细胞，即为感受态

细胞。

（四）转化 E. coli

（1）在感受态细胞中加入 $10\mu L$ 连接产物，冰上放置 30min。

（2）于 42℃ 恒温水浴中热激 90s。

（3）取出后立即于冰上放置 3min。

（4）加入 $400\mu L$ LB 液体培养基，于 37℃ 恒温摇床上振荡培养 45min。

（5）10000r/min 离心 30s，弃 $400\mu L$ 上清，余下层 $100\mu L$ 上清重新悬浮细胞，将转化的感受态细胞均匀涂在配制好的 LB 固体培养基上。将平皿放置于 37℃ 恒温培养箱 30min，至液体被吸收。然后倒置平皿，于 37℃ 恒温培养箱培养 12～16h（过夜），出现菌落，其中白色菌落为重组 DNA 质粒。

五、实验结果

经 12～16h 培养后，培养皿上生长着很多白色菌落和蓝色菌落，白色菌落可能为 DNA 重组子。

六、思考题

1.LB 培养基中为什么要加入氨苄西林？

2.若经过培养后，平板上虽然出现白色菌落和蓝色菌落，为什么白色菌落可能为重组子？

参考文献

[1] 格林，萨姆布鲁克.分子克隆实验指南：第 4 版.贺福初，主译.北京：科学出版社，2017.

实验六 / DNA 电转化大肠杆菌实验

一、实验目的

1. 了解转化的原理和方法。
2. 掌握大肠杆菌电转化的方法。

二、实验原理

在基因工程中，转化特指将质粒 DNA 或重组 DNA 导入受体细胞内的过程。DNA 分子进入受体细胞后可通过复制和表达转移遗传信息，使受体细胞表现出新的遗传性状。受体细胞经过特殊处理（如电击法、$CaCl_2$ 处理等）后，细胞膜的通透性发生改变，成为能容许外源 DNA 分子通过的感受态。细胞的感受态指受体（或者宿主）细胞最容易接受外源 DNA 分子并实现其转化的一种生理状态，它由受体细胞的遗传性状决定，同时也受细胞生长阶段和外界环境因子的影响。如信号分子 cAMP 可以使感受态水平提高一万倍，而 Ca^{2+} 也可大大提高转化效率。细胞的感受态一般出现在对数生长期，因此制备感受态细胞时一般选取活力较强的对数期细胞。

大肠杆菌是一种原核模式生物。大肠杆菌的常用转化方法有化学法（$CaCl_2$ 法）和电转化法。$CaCl_2$ 法的原理是将细胞置于 0℃ $CaCl_2$ 的低渗溶液中诱导，细胞膨胀成球形，转化混合物中的 DNA 分子形成抗 DNase（DNA 酶）的羟基-钙磷酸复合物黏附于细胞表面，经 42℃ 短暂热激处理（90s），可促使细胞吸收 DNA 复合物，随后将细胞置于丰富培养基上生长数小时后，球状细胞可复原并分裂增殖。重组 DNA 分子上的基因在被转化的细胞中得到表达，在选择性培养基平板上，可选出所需的转化子。电转化法不需要预先诱导细胞的感受态，收集对数期细胞后，用冰冷的去离子水清洗两次，再用短暂的电击促使 DNA 进入细胞，操作简便，转化效率最高可达 $10^9 \sim 10^{10}$ 转化子/闭环 DNA。

本实验利用电转化方法将重组 DNA 分子转化入大肠杆菌细胞。

三、实验仪器、材料和试剂

1. 仪器

电转化仪，721 型分光光度计，恒温摇床，恒温培养箱，台式离心机，移液器（量程分别为 1mL、200μL、10μL），试管，1.5mL 离心管，接种针，玻璃涂棒，试管，酒精灯培养皿等。

2. 材料

大肠杆菌 *E. coli* DH5α，pUC18 质粒。

3. 试剂

①胰蛋白胨。②酵母提取物。③氯化钠。④氨苄西林。⑤琼脂粉。⑥甘油。

四、实验步骤

1. 制备电转化 *E. coli* 感受态细胞

（1）将 2.5mL 新鲜的大肠杆菌过夜培养菌液接种到 500mL LB 培养基中。于 37℃空气浴摇床 250r/min 振荡培养至 OD_{660} 0.3～0.4。

（2）冰上冷却 15min，转移到预冷的离心管中，2～4℃低温环境下 5000g 离心 20min，收集细胞。用与原培养物体积相等的无菌冰水（2～4℃）洗涤两次。

（3）用 5mL 无菌冰水重悬菌体。整个过程保持细胞的冰冷状态。2～4℃低温环境下 5000g 离心 20min。弃上清，用剩余液体悬浮菌体。

（4）如果立即使用，将菌悬液倒入另一个预冷的试管中，2～4℃低温环境下 5000g 离心 10min。用冰水悬浮细胞，使其终浓度约为 $2×10^{11}$ 个细胞/mL。再将细胞分装在预冷的离心管中。

（5）如果冷藏备用，加入 40mL 冰冷的 10%甘油，混匀，2～4℃低温环境下 5000g 离心 10min。用 10%冰冷的甘油悬浮细胞，使其终浓度约为 $2×10^{11}$ 个细胞/mL。再将细胞分装在预冷的离心管中，−80℃保藏。

2. 电转化大肠杆菌细胞

（1）在含 40μL 感受态细胞的离心管中加入 1μL DNA（10pg DNA），用微量移液器轻轻搅拌数次，混匀。

（2）将混合物转移到预冷的电转槽中。擦去电转槽表面水汽，插入电转化仪中。

（3）电转化：设定电压为1700V，电击4～5ms。

3.培养电转化细胞

（1）将1mL室温的LB液体培养基缓慢加入电击过的电转化细胞中，转移到一个1.5mL无菌离心管中。将离心管放置于37℃空气浴摇床上175r/min缓慢振荡培养45min。

（2）离心回收细胞，用100μL培养液重悬细胞后涂布于含抗生素的LB平板上，将平板倒扣放置于37℃恒温培养箱中培养过夜。

（3）第二天观察平板上菌落生长情况。

五、思考题

1.电转化细胞制备过程中应注意哪些事项？

2.哪些因素会影响电转化的效率？

3.如何提高电转化效率？

参 考 文 献

[1] 格林，萨姆布鲁克.分子克隆实验指南：第4版.贺福初，主译.北京：科学出版社，2017.

[2] Ren J，Karna S，Lee H M，et al. Artificial transformation methodologies for improving the efficiency of plasmid DNA transformation and simplifying its use. Applied Microbiology and Biotechnology，2019，103（23-24）：1-11.

实验七 / **DNA 转化酵母实验**

一、实验目的

1. 了解转化酵母常用的方法。
2. 掌握乙酸锂/聚乙二醇（LiAc/PEG）法转化酵母的原理和操作方法。

二、实验原理

在基因工程中，转化特指将质粒 DNA 或重组 DNA 导入受体细胞内的过程。酿酒酵母是一种真核模式生物，广泛应用于食品、医药、环境、能源等领域的科学研究与工业生产。转化酵母常用的方法有电转化法和乙酸锂/聚乙二醇（LiAc/PEG）转化法。采用电转化法转化酵母需提前制备感受态细胞，而采用乙酸锂/聚乙二醇转化法转化酵母时，无须制备感受态细胞，操作简单。本实验采用乙酸锂/聚乙二醇转化法将重组 DNA 分子转化入酵母菌。乙酸锂/聚乙二醇转化法的原理是：转化过程中乙酸锂的锂离子可以中和 DNA 和细胞膜脂所携带的负电荷，同时还可以在细胞膜上形成小的孔道，便于 DNA 进入细胞。PEG 可以增加细胞的聚集，促进 DNA 分子黏附于细胞表面，增加转化效率。

三、实验仪器、材料和试剂

1. 仪器

恒温摇床，旋涡振荡器，水浴锅，台式离心机，移液器（量程分别为 1mL、200μL、10μL），试管，1.5mL 离心管等。

2. 材料

酿酒酵母菌 W303-1A。

3. 试剂

（1）聚乙二醇（PEG 4000）。

（2）乙酸锂（LiAc）。

（3）ss-DNA。

（4）质粒 DNA。

（5）YPD 液体培养基：酵母抽提物（yeast extract，10g/L），蛋白胨（peptone，20g/L），葡萄糖（D-glucose，20g/L，单独灭菌），pH 自然，固体培养基添加 1.5％琼脂粉，300mg/L 潮霉素。

四、实验步骤

（1）将平皿上的酵母菌接入装有 5mL YPD 液体的试管中，放置于 30℃空气浴恒温摇床上 225r/min 振荡培养过夜。

（2）将 ss-DNA（2mg/mL）于沸水浴煮 5min 后，迅速置于冰上（之后 ss-DNA 需一直放于冰上）。

（3）取 1.5mL 酵母培养液，室温下 12000r/min 离心 30s，收集菌体，弃上清。

（4）往离心管中加入 360μL 的转化混合物，在旋涡振荡器上高速振荡 30s 左右混匀。转化混合物的成分如表 1-2 所示。

表 1-2　转化混合物的成分

试剂	体积
PEG4000 500g/L	240μL
ss-DNA(2mg/mL)	50μL
LiAc 1.0mol/L	36μL
质粒 DNA	34μL
总体积	360μL

（5）将转化体系放置于 42℃恒温水浴 30min。

（6）取出转化体系，室温下 12000r/min 离心 30s，收集菌体，弃上清。

（7）用 100μL 无菌水重悬菌体，涂布在合适的筛选平板上，将平板倒扣放置于 30℃恒温培养箱培养 2~3 天后，观察转化效率及转化子生长情况。

五、思考题

1. 酿酒酵母的转化效率与哪些因素有关?
2. 如何提高酿酒酵母转化效率?

参考文献

[1] Alelson J N，Simon M，Fink G R. Guide to yeast genetics and molecular and cell biology. Boston：Elsevier academic press，2004.

[2] 奥斯伯，布伦特，金斯顿，等.精编分子生物学实验指南：第 5 版.金由辛，包慧中，赵丽云，等主译.北京：科学出版社，2008.

实验八 ／ 酵母 RNA 的提取及甲醛变性凝胶电泳

一、实验目的

1. 掌握提取 RNA 的方法。
2. 掌握 RNA 定性和定量检验的方法。
3. 掌握甲醛变性凝胶电泳的方法。

二、实验原理

DNA、RNA 和蛋白质是三种重要的生物大分子，它们是生命现象的分子基础。DNA 的遗传信息决定生命的主要性状，而 mRNA 在信息传递中起很重要的作用，rRNA 和 tRNA 同样在蛋白质的生物合成中发挥着不可替代的重要功能。因此，mRNA、rRNA、tRNA 在遗传信息由 DNA 传递到表现生命性状的蛋白质过程中有重要作用。细胞内大部分 RNA 均与蛋白质结合在一起，以核蛋白的形式存在，提取 RNA 时要把蛋白质与 RNA 分离并除去。常用提取 RNA 的方法有苯酚法、TRIzol 法、异硫氰酸胍-酚法等，它们的原理如下。

1. 苯酚法提取酵母 RNA 的原理

将细胞置于含有十二烷基磺酸钠（sodium dodecyl sulfate，SDS）的缓冲液中，加等体积的水饱和酚，通过剧烈振荡，离心形成上层水相和下层酚相。核酸溶于水相，被苯酚变性的蛋白质或溶于酚相，或在两相界面处形成凝胶层。用酚处理时 DNA-蛋白复合物变性，在低温条件下从水相中除去，这样得到的 RNA 制品中混杂的 DNA 极少。用氯仿-异戊醇继续处理 RNA 制品，可进一步除去其中少量的蛋白质。最后用乙醇使 RNA 从水溶液中沉淀出来。苯酚法得到的 RNA 不仅纯度高，而且多呈自然状态，可供继续研究之用。

2. TRIzol 法提取 RNA 的原理

TRIzol 法适用于提取人类、动物、植物、微生物的组织或培养细菌的 RNA。TRIzol 试剂是从细胞和组织中提取总 RNA 的即用型试剂，其主要成分是苯酚。苯酚的主要作用是裂解细胞，使细胞中的蛋白质、核酸物质解聚得到释放。苯酚虽可有效地使蛋白质变性，但不能完全抑制 RNA 酶活性，因此 TRIzol 试剂中还加入了 8-羟基喹啉、异硫氰酸胍、β-巯基乙醇等来抑制内源和外源 RNase（RNA 酶）。0.1% 的 8-羟基喹啉可以抑制 RNase，与氯仿联合使用可增强抑制作用。异硫氰酸胍属于解偶剂，是一类强力的蛋白质变性剂，可溶解蛋白质并使蛋白质二级结构消失，导致细胞结构降解，核蛋白迅速与核酸分离。β-巯基乙醇的主要作用是破坏 RNase 蛋白质中的二硫键。在样品中加入 TRIzol 试剂，在裂解或匀浆过程中，TRIzol 能保持 RNA 完整性。加入氯仿后，溶液分为水相和有机相，RNA 在水相中。取出水相，用异丙醇可沉淀回收 RNA。移去水相后，中间相用乙醇沉淀可得到 DNA，有机相用异丙醇沉淀可得到蛋白质。用 TRIzol 法提取的总 RNA 无蛋白和 DNA 污染，且在破碎和溶解细胞时能保持 RNA 的完整性。RNA 可直接用于 Northern 斑点分析、斑点杂交、Poly(A)$^+$ 分离、体外翻译、RNase 封阻分析和分子克隆。

3. 异硫氰酸胍-酚法提取 RNA 的原理

异硫氰酸胍-酚法常用于提取植物总 RNA。异硫氰酸胍是一种解偶剂，是一类很强的蛋白质变性剂，可溶解蛋白质，并使蛋白质二级结构消失，细胞结构降解，核蛋白迅速与核酸分离。异硫氰酸胍（GIT）与 β-巯基乙醇共同作用抑制 RNase 的活性；异硫氰酸胍与十二烷基肌氨酸钠（Sarcosyl）作用使蛋白质变性，从而释放 RNA；酸性条件下 DNA 极少发生解离，同蛋白质一起变性被离心沉淀，RNA 则溶于上清液中。取出上清后用异丙醇沉淀 RNA。用异硫氰酸胍-酚法所提取的 RNA 纯度高完整性好，较适合纯化 mRNA、逆转录及构建 cDNA 文库。

三、实验仪器、材料和试剂

1. 仪器

台式高速冷冻离心机，水浴锅，紫外-可见分光光度计，研钵，冰箱或冷柜（0~4℃），振荡器，分析天平（精确至 0.1mg），真空干燥器，水平电泳仪，1.5mL 离心管，酸洗玻璃珠（acid-washed，425~600μm，Sigma）。

2. 材料

RNA 抽提液：2mL 2mol/L Tris-HCl（pH8），终浓度 0.2mol/L；4mL

2.5mol/L NaCl，终浓度 0.5mol/L；0.4mL 0.5mol/L EDTA（pH8），终浓度 10mmol/L；2mL 10％ SDS，终浓度 1％ SDS。（注意：把 NaCl、EDTA、SDS 加入 80mL DEPC 水中，高温灭菌除去 DEPC，然后加入用 DEPC-水配制的 Tris）。

3. 试剂

（1）水饱和酚（pH3.5）。

（2）氯仿。

（3）氯仿/异戊醇（CI）（体积比 24：1）。

（4）异丙醇（－20℃存放）。

（5）无水乙醇。

（6）70％乙醇。

（7）TRIzol 试剂（Invitrogen™）。

（8）DEPC-水（体积分数 0.1％）。

（9）2mol/L NaAc（pH4.0）：用醋酸调 pH 值。

（10）异硫氰酸胍溶液：4mol/L 异硫氰酸胍（GIT），25mmol/L 柠檬酸钠（pH 7.0），0.5％十二烷基肌氨酸钠（Sarcosyl），0.1mol/L β-巯基乙醇（用时再加，0.36mL/50mL 体系）。

（11）10×上样缓冲液（loading buffer）：15％聚蔗糖（Ficoll），0.1mol/L Na$_2$EDTA（pH8），0.25％溴酚蓝（bromphenol blue）。

（12）10×NBC：0.5mol/L 硼酸（boric acid），10mmol/L 柠檬酸钠（sodium citrate），50mmol/L 氢氧化钠（NaOH），pH7.5，加 0.1％DEPC-水并灭菌。

（13）20×NBC：1.0mol/L 硼酸（boric acid），20mmol/L 柠檬酸钠（sodium citrate），100mmol/L 氢氧化钠（NaOH），pH7.5，加 0.1％DEPC-水并灭菌。

（14）EB。

四、实验步骤

（一）RNA 提取

1. 苯酚法提取 RNA

（1）收集细胞：将新鲜培养的细胞置于冰水中迅速冷却后，于 0～4℃

低温环境下 12000r/min 离心 30s，弃上清。

（2）用 1mL 冰冷的 RNA 抽提液洗涤细胞两次，弃上清，并用 0.5mL 冰冷的 RNA 抽提液重悬细胞。

（3）加入 300μL 酸洗玻璃珠和 0.5mL 水饱和酚，剧烈振荡 3min。

（4）于 0～4℃ 低温环境下 12000r/min 离心 15min。

（5）吸取上清 0.4mL 加入一个新的离心管中，加入 0.4mL 水饱和酚，剧烈振荡 3×1min。

（6）于 0～4℃ 低温环境下 12000r/min 离心 10min ［可重复（5）、（6），直至看不见分界面］。

（7）取 0.3mL 上清，加入 0.75mL 冰冷的无水乙醇，－20℃ 沉淀 1h。

（8）于 0～4℃ 低温环境下 12000r/min 离心 15min。

（9）弃上清，用 70% 乙醇洗沉淀。

（10）弃上清，真空干燥器沉淀（或冷冻干燥），用 50μL DEPC-水溶解沉淀。

（11）取 1μL RNA 样品，稀释 250～300 倍后测定 OD_{260} 和 OD_{280}，分析 RNA 纯度和含量（$1OD_{260}$ 单位相当于 10μg RNA）。用甲醛变性琼脂糖凝胶电泳分析完整性。

2. TRIzol 法提取 RNA

（1）**样品处理**

① 培养细胞　收集 $1～5×10^7$ 个细胞，移入 1.5mL 离心管中，加入 1mL TRIzol 试剂，旋涡振荡混匀，室温静置 5min，使细胞充分裂解。

② 组织　取 50～100mg 组织（新鲜或－70℃ 及液氮中保存的组织均可）置 1.5mL 离心管中，加入 1mL TRIzol 试剂充分匀浆，室温静置 5min。

（2）**离心**　于 0～4℃ 低温环境下 12000r/min 离心 5min，除去大块沉淀。将上清转移至新的无核酸酶的 1.5mL 离心管中。

（3）**氯仿萃取**　向离心管中加入 200μL 氯仿，旋涡振荡，室温静置 5min，于 0～4℃ 低温环境下 12000r/min 离心 15min。

（4）**异丙醇沉淀**　将上清 RNA 层转移至新的无核酸酶的 1.5mL 离心管中，加入 500μL 异丙醇，旋涡混匀，于冰上静置 20min，然后于 0～4℃ 低温环境下 12000r/min 离心 15min。

（5）**乙醇洗涤**　吸出上清液，通常可以看到离心管底部沉淀（含 RNA），加入 1mL 75% 无水乙醇，上下颠倒（若无法使沉淀悬浮，可振荡后静置 1min），然后于 0～4℃低温环境下 12000r/min 离心 5min。

（6）二次乙醇洗涤　重复步骤（5）。（弃上清时应小心避免除去沉淀）

（7）除去多余乙醇　吸出上述步骤得到的上清，于 0～4℃低温环境下 12000r/min 离心 1min，然后用移液器吸出多余的液体（应小心沉淀）打开离心管盖，室温静置，使多余的乙醇彻底挥发。

（8）溶解 RNA　加入适量 DEPC-水，轻微旋涡振荡，使沉淀完全溶解，冰上放置。

（9）QC 检测　检测样品浓度及 OD 值。

（10）保存　样品－80℃保存，以便于后续备用。

3. 异硫氰酸胍-酚法提取植物组织总 RNA

（1）取约 2g 的植物组织放置于研钵中，反复加入液氮并迅速充分研磨至粉末状。加入 4～5mL 异硫氰酸胍溶液，混匀后分装到 1.5mL 离心管中，每管 0.5mL。

（2）将装有样品的离心管置于冰上，按顺序依次加入：50μL 2mol/L NaAc，混匀，0.5mL 水饱和酚，170μL 氯仿/异戊醇，混匀，于冰上放置 15min。

（3）将各管平衡后，于 0～4℃低温环境下 12000g 离心 20～30min。将上清转移到另一新离心管（1.5mL）中，加入等体积的异丙醇，混匀，－20℃沉淀 0.5～1h 或－80℃沉淀 10min。于 0～4℃低温环境下 12000g 离心 20min，收集 RNA 沉淀。

（4）用 70%乙醇洗 RNA 沉淀一次，于 0～4℃低温环境下 12000g 离心 5min。吸去乙醇，室温下吹干 RNA 沉淀。用 150μL 异硫氰酸胍溶液，65℃吹打 RNA 沉淀直至完全溶解。

（5）加等体积异丙醇－20℃沉淀 0.5～1h 或－80℃沉淀 10min。于 0～4℃低温环境下 12000g 离心 20min，收集 RNA 沉淀。

（6）用 70%乙醇洗两次后，吹干，溶于适量 DEPC-水中。分装后，部分用于纯度及完整性检测，其余加 2.5 倍体积乙醇，沉淀于－80℃冰箱中存放。

（7）用紫外分光光度分析纯度和含量，用甲醛变性琼脂糖凝胶电泳分析完整性。

（二）　RNA 的甲醛变性琼脂糖凝胶电泳

（注意：电泳系统用 0.1mol/L NaOH 浸泡过夜，倒掉后用无菌的去离子水洗净。)

（1）称取 1g 琼脂糖加入 100mL 1×NBC 缓冲液中，用微波炉化开至完全溶解。

（2）冷却至 55℃ 左右，加入 2.5mL 37% 甲醛，充分溶解后，倒入制胶槽中，插入样品梳，室温静置 45min。

（3）拔出样品梳，将胶块置于电泳槽中，加入 1×NBC 缓冲液（注意：电泳缓冲液中不加甲醛）。以 4V/cm 的电压预跑胶 10～30min。

（4）准备样品：准备好甲醛-甲酰胺混合物（20×NBC：37% 甲醛：甲酰胺＝1：3：10）。取 5μL RNA 样品，加入 15μL 甲醛-甲酰胺混合物，65℃温浴 5min，加入 2μL 10×上样缓冲液（loading buffer），用移液器加入上样孔中。

（5）以 4V/cm 的电压跑胶直至样品离开上样孔，将电压调至 8V/cm，跑约 90min。

（6）电泳结束后取出胶块，EB 染色 10min，紫外线照胶、拍照记录。（也可用于 Northern 杂交。）

五、实验数据和讨论

1. 记录跑胶时间和样品泳动距离。

2. 扫描或拍照记录胶块上 RNA 样品信息。

【RNA 纯化要求】

1. 不应有 DNA 分子、蛋白质、多糖和脂类分子的污染。

2. 不应有机溶剂和金属离子的污染。

3. 纯化后的 RNA 样品不应存在对酶（如逆转录酶）有抑制作用的物质。

【注意事项】

1. 实验过程中要戴着手套。

2. 要用不含 RNA 酶的样品管、移液器吸头、塑料容器和溶液。

3. 要把 RNA 储藏液分装到不含 RNA 酶的容器中，这样才不会污染到储藏液。

4. 在处理 RNA 时，保持样品管回置于冰盒中。

5. 所有容器用 DEPC-水处理，电泳检测槽也不例外。

六、思考题

1. RNA 提取过程中，如何减少 RNA 降解？
2. 在甲醛变性凝胶电泳过程中，应注意哪些问题以减少 RNA 降解？

参 考 文 献

[1] Alelson J N，Simon M，Fink G R. Guide to yeast genetics and molecular and cell biology. Boston：Elsevier academic press，2004.

[2] 奥斯伯，布伦特，金斯顿，等. 精编分子生物学实验指南：第 5 版. 金由辛，包慧中，赵丽云，等主译. 北京：科学出版社，2008.

[3] 格林，萨姆布鲁克. 分子克隆实验指南：第 4 版. 贺福初，主译. 北京：科学出版社，2017.

实验九 / Northern 杂交实验

一、实验目的

1. 掌握 RNA 转膜的方法。
2. 掌握核酸杂交的原理及方法。

二、实验原理

1979 年，Alwine J. C. 等提出将电泳凝胶中的 RNA 转移到叠氮化的或其他化学修饰的活性滤纸上，通过共价交联作用使它们结合，因其方法同 Southern 杂交十分相似，故称之为 Northern 杂交（Northern blotting）。Northern 杂交是利用 DNA 分子可以与有互补性的 RNA 分子进行杂交来检测特异性 RNA 分子的技术。首先将 RNA 混合物按它们的大小和分子量通过琼脂糖凝胶电泳进行分离，将分离出来的 RNA 分子转至尼龙膜或硝酸纤维素膜上，再与带有标记的探针杂交，通过杂交结果可以对目的 RNA 表达量进行定性或定量检测。Northern 杂交主要过程为：RNA 混合物进行琼脂糖凝胶电泳→将分离得到的 RNA 转移至膜上→与带有标记的探针杂交 →结果分析（图 1-1）。

本实验运用 Northern 杂交研究不同温度条件下酿酒酵母热激蛋白 Hsp30p 编码基因 *HSP30* 的转录水平表达差异。

三、实验仪器、材料和试剂

1. 仪器

水平电泳槽，杂交炉，脱色摇床，滤纸，尼龙膜，X 射线胶片。

2. 材料

探针（带有放射性标记）。

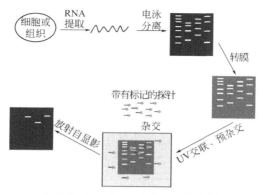

图 1-1　Northern 杂交过程示意图

3. 试剂

（1）20×SSC：3mol/L NaCl，0.3mol/L 柠檬酸钠（1L：175.3g NaCl，88.2g 柠檬酸钠）。

（2）1mol/L NaPi(pH7.4)溶液(100mL)：77.4mL 1mol/L Na_2HPO_4，22.6mL 1mol/L NaH_2PO_4。

（3）杂交液（hybridization buffer）：7%SDS，250mL 1mol/L NaPi，2mmol/L EDTA。（制备 100mL 需混合：70.17mL 10% SDS，25mL 1mol/L NaPi，400μL 0.5mol/L EDTA。）

（4）冲洗液（washing solution）

冲洗液Ⅰ：2×SSC，0.1%SDS。

冲洗液Ⅱ：1×SSC，0.1%SDS。

冲洗液Ⅲ：0.1×SSC，0.1% SDS。

（5）柯达定影液、显影液

① 显影液（2L）：在容器中加入 1.45L 双蒸水，依次加入 0.5L Solution A；20.4mL Solution B；18.2mL Solution C，每加入一种组分后均需充分混匀。

② 定影液（2L）：在容器中加入 1.45L 双蒸水，依次加入 0.5L Solution A；46mL Solution B，每加入一种组分后均需充分混匀。

四、实验步骤

1. 转膜

（1）电泳结束后，取出胶块，放置于盛有 DEPC 处理过的去离子水的玻璃盘中，洗 15min（中间换 1 次水）。

（2）在盛有 10×SSC 的电泳槽中自下向上依次放置 1 层大滤纸（稍大些，两侧浸入电泳槽）、2 层小滤纸、胶块（点样孔朝下放置）、尼龙膜、3 层小滤纸、一打纸巾、重物（两盒载玻片），如图 1-2 所示。

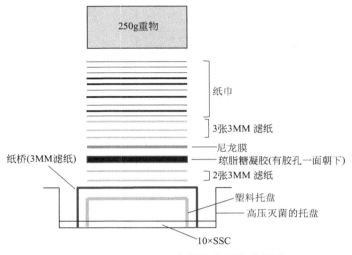

图 1-2　Northern 杂交的转膜系统示意图

（3）过夜转印。印迹原理为：在高盐溶液中运用毛细管印迹将单链多核苷酸运输至滤膜，核苷酸与滤膜发生牢固的非共价结合。

（4）次日，取出尼龙膜（注意：一定不要洗），把尼龙膜与胶接触的一面朝上放置于一张 Whatman 滤纸上，用紫外交联仪进行紫外照射，将 RNA 交联于尼龙膜上。

（5）用常规紫外线照射标记 rRNA 的位置（注意：可能看不见）。

（注意：用试管赶走气泡，夹层中一定不能有气泡。胶与膜的两层滤纸之外围一圈 Whatman 滤纸，防止短路。）

2. 杂交

（1）室温下，在小盒子里放适量水将尼龙膜浸湿，然后倒掉水用杂交液浸湿尼龙膜。（注意：此步骤一定不能省。）

（2）将膜取出放置于杂交管中，加入适量杂交液（$100\mu L/cm^2$），在 68℃预杂交 30～60min。

（3）将探针置于 95℃煮 5min（可于 PCR 仪上进行），随后迅速置于冰上冷却。将 $15\mu L$ 变性的探针加入杂交管中。（注意：加探针时不要让探针直接接触尼龙膜。）

（4）68℃过夜杂交（至少14h）。

（5）参照厂家说明书标记探针（labelling）。

3. 洗脱

（1）用68℃预热的冲洗液Ⅰ轻轻漂洗两次尼龙膜。

（2）68℃下用冲洗液Ⅰ浸洗尼龙膜40～60min。

（3）室温下，用冲洗液Ⅱ浸洗尼龙膜两次，每次20min。

（4）室温下，用冲洗液Ⅲ浸洗尼龙膜10min。

（5）取出膜，用塑料卡片轻轻敲击尼龙膜，除去膜上的液体。将膜和X射线胶片叠放在曝光盒中。将曝光盒放置于－70℃冰箱中，曝光2天。

4. 放射自显影

在暗室中取出X射线胶片，放入显影液中显影4min，用自来水冲洗胶片，之后将胶片放入定影液中定影1min，用自来水冲洗胶片后即可于光线下观察结果，并进行分析与扫描。

五、实验数据和讨论

1. 记录转膜时间、杂交时间、曝光时间。

2. 记录胶片上显示的杂交结果并讨论。

六、思考题

1. 探针的制备方法有哪些？

2. 哪些因素会影响核酸的杂交效率？

参 考 文 献

[1] 格林，萨姆布鲁克.分子克隆实验指南：第4版.贺福初，主译.北京：科学出版社，2017.

[2] Alelson J N，Simon M，Fink G R.Guide to yeast genetics and molecular and cell biology. Boston：Elsevier academic press，2004.

[3] 奥斯伯，布伦特，金斯顿，等.精编分子生物学实验指南：第5版.金由辛，包慧中，赵丽云，等主译.北京：科学出版社，2008.

实验十 / 酵母等位基因的分离及遗传分析

一、实验目的

1. 了解酿酒酵母等位基因分离和分析的原理。
2. 掌握分析酿酒酵母基因型的方法。

二、实验原理

1. 酿酒酵母等位基因的分离

酿酒酵母（*S. cerevisiae*）有单倍体和双倍体两种形式，在单倍体和双倍体的情况下都有很好的繁殖。单倍体和双倍体之间的转换可通过交配（单倍体孢子融合产生双倍体）和孢子形成（双倍体减数分裂产生单倍体孢子）来实现。当两个单倍体具有不同的结合型时，交配才有可能发生。单倍体细胞的接合型是由存在于 *MAT* 基因座上的遗传信息所决定的，在这个基因座上，携带 *MATa* 等位基因的细胞称为 a 细胞，携带 *MATα* 的细胞称为 α 细胞。相反类型的细胞能进行交配，相同类型的细胞不能交配。相反类型细胞间的识别是通过信息素（pheromone）的分泌而实现的。α 细胞分泌一种含 13 个氨基酸的小分子肽，称为 α 因子；a 细胞分泌一种含 12 个氨基酸的小分子肽，称为 a 因子。一种接合型的细胞表面携带着相反类型的信息素的表面受体。在交配过程中，α 细胞和 a 细胞信息素彼此作用，使细胞周期停止于 G_1 期并使细胞产生多种形态上的变化。随后，细胞核发生融合，产生一个 α/a 双倍体细胞。α/a 细胞携带 *MATα* 和 *MATa* 等位基因，并且与单倍体细胞相比个体形态较大，α/a 细胞在特定环境下能产生孢子。

利用不同接合型细胞间的交配（a 细胞×α 型细胞）得到双倍体（α/a 细胞），双倍体产孢后拆孢子可以得到四个单倍体细胞，这四个单倍体细胞中有两个 a 型细胞和两个 α 型细胞。如果用于交配的两个细胞中一个是野生型的，另一个是目的基因被修饰过的细胞，那么通过交配产孢、拆分孢子后得到的四个单倍体细胞中有两个野生型细胞和两个目的基因被修饰过的细胞。对所得到的单倍体进行表型或基因型分析可以找到所需基因型的酵母细胞。

2. 酿酒酵母基因型的分析

本实验以用 PCR 的方法验证酵母交配型为例，介绍分析酿酒酵母基因型的方法。用以下三条引物进行 PCR。MAT-F：5′AGTCACATCAAGATCGTTTATGG 3′是位于 *MAT* 基因座右侧且指向 *MAT* 基因座的序列。MAT-α：5′GCACGGAATATGGGACTACTTCG3′是位于 *MATα* 和 *HMRα* 上的 α-特异性 DNA 上的序列。MAT-a：5′ACTCCACTTCAAGTAAGAGTTTG3′是位于 *MATa* 和 *HMRa* 上的 a-特异性 DNA 上的序列。在 PCR 反应体系中加入上述三条引物，在 *MATα* 上的 DNA 产生一条 404bp 的产物，而在 *MATa* 上的 DNA 产生一条 544bp 的产物（HML 和 HMR DNA 不产生 PCR 产物），即 a 型酵母细胞的 PCR 产物为 544bp，α 型酵母细胞的 PCR 产物为 404bp，双倍体酵母细胞的 PCR 产物为 404bp 和 544bp 两条。

三、实验仪器、材料和试剂

1. 仪器

旋涡振荡器，冰浴盒，离心机，移液器（量程分别为 1mL、200μL、10μL），试管，1.5mL 离心管等。

2. 材料

酿酒酵母 W303-1A、W303-1B、W303-1D。

3. 试剂

YPD 液体培养基：酵母抽提物（yeast extract，10g/L），蛋白胨（peptone，20g/L），葡萄糖（D-glucose，20g/L），单独灭菌，使用时加入，pH 自然。*Taq* 聚合酶及 10×*Taq* 聚合酶缓冲液、$MgCl_2$ 等。

四、实验步骤

1. 设计引物

设计合成如下三条引物：

MAT-F：5′AGTCACATCAAGATCGTTTATGG3′

MAT-α：5′GCACGGAATATGGGACTACTTCG3′

MAT-a：5′ACTCCACTTCAAGTAAGAGTTTG3′

2. PCR 扩增反应

（1）将 $200\mu L$ PCR 薄壁管放置在冰上，按以下顺序分别加入各试剂配制成 $50\mu L$ 反应体系：

无菌水	$34.25\mu L$
$10\times Taq$ 聚合酶缓冲液	$5\mu L$
$MgCl_2$	$3\mu L$
dNTP	$4\mu L$
MAT-F	$1\mu L$
MAT-α	$1\mu L$
MAT-a	$1\mu L$
DNA 模板	$0.5\mu L$
Taq 聚合酶（5U/μL）	$0.25\mu L$

（2）在 PCR 热循环仪上建立标准的扩增反应程序：

①	预变性	94℃	4min
②	变性	94℃	30s
③	退火	58℃	30s
④	延伸	72℃	30s
⑤	循环	重复步骤②～④	29 次
⑥	延伸	72℃	10～15min
⑦	停止	4℃	

3. 琼脂糖凝胶电泳

取 PCR 产物进行琼脂糖凝胶电泳检测，分析酵母的基因型。

五、思考题

1. 配制 PCR 反应体系过程中有哪些注意事项？

2. 如何设计 PCR 反应程序？为什么这样设计？

参 考 文 献

［1］ Alelson J N，Simon M，Fink G R.Guide to yeast genetics and molecular and cell biology. Boston：Elsevier academic press，2004.

［2］ 奥斯伯，布伦特，金斯顿，等.精编分子生物学实验指南：第 5 版.金由辛，包慧中，赵丽云，等主译.北京：科学出版社，2008.

实验十一 / 细菌三亲本杂交实验

一、实验目的

1. 了解三亲本杂交的实验原理。
2. 掌握三亲本杂交的方法和应用。

二、实验原理

质粒的转移方式有自主转移、诱动转移和共整合体转移等。

接合转移是质粒的自主转移，是供体细胞向同种或亲缘关系近的受体细胞单向传递遗传物质的方式。供体细胞表面带有有性菌毛且含有转移控制基因（tra）和转移起始位点（$oriT$），可用于接合转移的质粒有 F 因子、RP4、R100 和 R1 等，此类质粒分子量大且拷贝数低。

三亲本杂交是质粒的诱动转移。在含有 bom 基因、nic 基因或 mob 诱动基因的辅助菌帮助下，将高拷贝非转移型质粒从供体菌转移到受体菌中去。

三、实验仪器、材料和试剂

1. 仪器

超净工作台，高压蒸汽灭菌器。

2. 材料

（1）菌株：受体菌为肠膜明串珠菌 CGMCC1.10327，辅助菌为携带 pRK2013（kan^r）的大肠杆菌，供体菌为携带 pCW7（Amp^r）质粒的大肠杆菌。

（2）质粒：pCW7 是由 pCW4（5.3kb）改造而来的，先插入 Amp 抗性表达盒并用 $OriT$ 片段替换 Ery 抗性表达盒序列，再插入 Amy 片段成为 6.6kb 的 pCW7。

3.试剂

（1）转化培养基：MRS 培养基中添加 0.05g/L 锥虫蓝、1％可溶性淀粉和 0.1mol/L $CaCl_2$（制备转化培养基时，比普通的固体培养基铺得薄一些，以便后续的菌落观察）。

（2）覆盖液：含 5mg/mL 氨苄西林和 50mg/mL 萘啶酮酸的水溶液。

四、实验步骤

（1）活化菌株：取 $-80℃$ 冰箱保存的明串珠菌，以 1％的接菌量接种到装有 5mL 新鲜的 MRS 培养基的试管中过夜培养（12～16h），在添加 50mg/mL 氨苄西林的 LB 培养基中过夜培养供体菌，在添加 50mg/mL 卡那霉素的 LB 培养基中过夜培养辅助菌。

（2）转接：于第二天上午将 3 种菌分别以 2％的接菌量转接到相应的装有 5mL 新鲜培养基的试管中，培养至对数期（$OD_{600}=0.5～0.6$）。

（3）将上述培养好的菌液以供体菌：辅助菌：受体菌 $=0.4：0.4：0.6$（体积比，以 mL 计）的比例混匀，7000r/min 离心弃上清。

（4）用无菌水洗涤菌体 2 次，再用 MRS 液体培养基洗涤菌体 2 次，为了彻底去除抗生素的干扰在洗涤过程中充分悬浮细胞，最后悬浮于 $100\mu L$ MRS 液体培养基中。

（5）将上述的混合液均匀涂布于转化培养基平板，30℃ 培养箱中培养 5h，用小喷壶（使用前用无菌水冲洗 2 次，以便去除杂菌）把 1mL 覆盖液喷洒到平板表面，均匀覆盖平板培养基表面。将平板正放 1h，使覆盖液完全被培养基吸收，然后倒置培养 72h，即可得到蓝色菌落，就是重组菌株。

五、思考题

为什么说三亲本杂交基因转移方法比化学感受态法适用性更广呢？

参考文献

[1] 田云飞，刘晓莉，成文玉，等.α-淀粉酶基因在肠膜明串珠菌基因表达中的应用.食品工业科技，2016，37（10）：203-207.

生物工程开放实验

第二章

细胞培养与发酵实验

教学目标

- ◉ 1. 掌握植物原生质体的分离、愈伤组织培养和分化的方法。
- ◉ 2. 掌握运用摇瓶发酵培养微生物的方法。
- ◉ 3. 掌握运用发酵罐培养微生物和发酵过程控制的方法。

实验一 / 植物原生质体的分离

一、实验目的

掌握植物原生质体的分离方法。

二、实验原理

植物细胞在纤维素酶、半纤维素酶和果胶酶的作用下，细胞壁被消化，可以得到裸露的原生质体。原生质体在合适的培养条件下，能再生细胞壁，进行分裂、生长、形成愈伤组织，进一步分化形成根和芽，长成新的植物体，表现了植物细胞的全能性。利用植物原生质体可以进行细胞、生理、生化和遗传等多方面的研究，已成为植物生理学、细胞生物学及遗传学等学科的重要研究方面。要进行原生质体的培养，首先要分离得到具有活力的原生质体，因此，掌握分离植物原生质体的方法十分重要。

三、实验仪器、材料和试剂

1.仪器

锥形瓶，离心管，烧杯，200目滤网，解剖刀，长、短镊子，培养皿，滤纸，$0.2\mu m$滤膜，滤器，培养瓶，台式离心机，高压灭菌锅。

2.材料

芹菜叶片。

3.试剂

（1）酶解液：纤维素酶（cellulase，Onozuka）2%，甘露醇$0.6mol/L$，$CaCl_2$ $0.05mol/L$，调整 pH $5.8\sim6.2$。

（2）$0.2mol/L$ $CaCl_2$。

（3）MS 培养基：$1650mg/L$ NH_4NO_3，$1900mg/L$ KNO_3，$440mg/L$

$CaCl_2 \cdot 2H_2O$，370mg/L $MgSO_4 \cdot 7H_2O$，170mg/L KH_2PO_4，0.83mg/L KI，6.2mg/L H_3BO_3，22.3mg/L $MnSO_4 \cdot 4H_2O$，10.6mg/L $ZnSO_4 \cdot 7H_2O$，0.25mg/L $Na_2MoO_4 \cdot 2H_2O$，0.025mg/L $CuSO_4 \cdot 5H_2O$，0.025mg/L $CoCl_2 \cdot 5H_2O$，37.3mg/L Na_2-EDTA，27.8mg/L $FeSO_4 \cdot 7H_2O$，30g/L 蔗糖，pH5.7。

四、实验步骤

（1）取芹菜幼嫩的叶片，洗净晾干切成细丝。

（2）置于酶解液中，在摇床上（60～70r/min），于25～28℃黑暗条件下，酶解5～7h。

（3）用200目滤网过滤除去未完全消化的残渣。此时可直接取过滤液，使用显微镜观察原生质体。

（4）留下一小部分过滤液作为对照，其余的液体在600～1000r/min条件下离心3～5min，弃上清。（此步转速过高有可能导致原生质体破裂。）

（5）用移液管吸去上清液。将沉淀的原生质体用1mL 0.2mol/L的$CaCl_2$溶液重悬，使用显微镜观察原生质体。

五、思考题

原生质体的分离过程中应注意哪些事项？

参 考 文 献

[1] 张志良.植物生理学实验指导.2版.北京：高等教育出版社，1990.

实验二 / 植物愈伤组织培养和分化实验

一、实验目的

掌握植物愈伤组织的培养与分化方法。

二、实验原理

近年来，植物组织培养作为一种研究技术，已广泛地应用于许多学科中，它不仅对理论研究有重要意义，并已展现了十分广阔的应用前景。植物组织培养是把植物的器官、组织以至单个细胞，应用无菌操作使其在人工条件下，能够继续分化，甚至分化发育成一完整植株的过程。植物组织在培养条件下，原来已经分化停止生长的细胞，又能重新分裂，形成没有组织结构的细胞团，即愈伤组织。这一过程称为"脱分化作用"，已经"脱分化"的愈伤组织，在一定条件下，又能重新分化形成输导系统以及根、芽等组织器官，这一过程称为"再分化作用"。植物激素在此过程中起着重要的作用，吲哚乙酸和 6-苄氨基嘌呤的比例，决定了根和芽的分化。

植物组织经过脱分化作用，形成愈伤组织，经过再分化作用，愈伤组织又能重新分化为有结构的组织和器官，最终形成完整的植株。早在 1957 年 Skoog 即发现培养基中植物激素的类型和它们的比例，对再分化过程起着重要的作用。

三、实验仪器、材料和试剂

1. 仪器

培养室，接种箱或超净工作台，高压灭菌锅，电子天平，水浴锅；长镊子，解剖刀，剪刀，锥形瓶（100mL），容量瓶，烧杯，移液管，量筒，牛皮纸，培养皿，称量纸，棉线。

2.材料

芹菜叶子。

3.试剂

（1）氯化汞（$HgCl_2$）或次氯酸钠。

（2）乙醇。

（3）6-苄氨基嘌呤。

（4）吲哚-3-乙酸（indole-3-acetic acid，IAA）或二氯苯氧乙酸（2,4-D）。

（5）愈伤组织诱导培养基（MS培养基）。

四、实验步骤

1.配制培养基

（1）MS培养基：1650mg/L NH_4NO_3，1900mg/L KNO_3，440mg/L $CaCl_2 \cdot 2H_2O$，370mg/L $MgSO_4 \cdot 7H_2O$，170mg/L KH_2PO_4，0.83mg/L KI，6.2mg/L H_3BO_3，22.3mg/L $MnSO_4 \cdot 4H_2O$，10.6mg/L $ZnSO_4 \cdot 7H_2O$，0.25mg/L $Na_2MoO_4 \cdot 2H_2O$，0.025mg/L $CuSO_4 \cdot 5H_2O$，0.025mg/L $CoCl_2 \cdot 5H_2O$，37.3mg/L Na_2-EDTA，27.8mg/L $FeSO_4 \cdot 7H_2O$，10g/L 蔗糖，2mg/L 2,4-D，10g/L 琼脂，pH5.7。

（2）试验培养基：按表2-1配制。

表2-1　试验培养基配方

序号	IAA/(mg/L)	6-苄氨基嘌呤/(mg/L)	相对比值
1	0	2.0	
2	0.2	2.0	1/10
3	0.5	2.0	1/4
4	1.0	2.0	1/2
5	2.0	2.0	1/1
6	2.0	1.0	2/1
7	2.0	0.5	4/1
8	2.0	0.2	10/1
9	2.0	0	

IAA用少量0.1mol/L NaOH溶解，6-苄氨基嘌呤用少量0.1mol/L

HCl 溶解。

2. 培养基灭菌

将配好的培养基加入琼脂加热溶解，调至 pH6.8，趁热分装于 100mL 锥形瓶中，每瓶约 20mL。待培养基冷却凝固后，用一层称量纸和一层牛皮纸包扎瓶(管)口，并用棉线扎牢，然后在高压灭菌锅中 121℃（1kgf/cm²）条件下灭菌 20min。取出锥形瓶放在台子上，冷却后备用。接种操作所需的一切用具（如长镊子、解剖刀、剪刀等）及灭菌水，需同时灭菌。

3. 诱导产生愈伤组织

（1）取幼嫩的芹菜叶子，流水冲洗 20min，酒精消毒 30s，2%～10% 的次氯酸钠消毒 8～10min，取出用无菌水洗 3～4 次，置于无菌培养皿中，在接种箱中按无菌操作要求（接种箱事先用紫外灯灭菌 30min），用解剖刀切成小块，用长镊子将它接种在诱导培养基上，每瓶接种 3～4 片，接种后扎好瓶口。

（2）将已接入植物组织（外植体）的锥形瓶，培养在 25℃温室中，每星期检查 1～2 次，剔除材料已被杂菌污染的锥形瓶，3～4 周后产生愈伤组织。

（3）选取愈伤组织生长良好的锥形瓶，用解剖刀将愈伤组织切下，转移到含有不同激素的试验培养基中（也可以连同原来的外植体一起转移），每瓶放 1～2 块，仍培养在 25℃温室中，每周 1～2 次观察不同处理的锥形瓶中愈伤组织分化情况，直至长出根和芽。长成的幼小植株即为"试管苗"，可移栽于花盆中。

五、思考题

植物愈伤组织的培养与分化过程中应注意哪些事项？

参 考 文 献

[1] 张志良. 植物生理学实验指导. 2 版. 北京：高等教育出版社，1990.

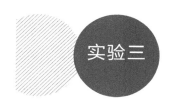

实验三　细菌生长曲线的测定

一、实验目的

1. 了解细菌生长曲线的特征。
2. 掌握光电比浊法测定细胞量的原理和操作方法。
3. 了解蜡样芽孢杆菌的生长和繁殖规律，掌握绘制生长曲线的方法。

二、实验原理

大多数细菌的繁殖速率很快。将一定量的细菌转入新鲜液体培养基中，在适宜的条件下培养细胞要经历延迟期、对数期、稳定期和衰亡期四个阶段。以培养时间为横坐标、以细菌数目对数或生长速率为纵坐标作图，所绘制的曲线称为该细菌的生长曲线。不同的细菌在相同的培养条件下的生长曲线不同，同样的细菌在不同培养条件下的生长曲线也存在差异。测定细菌的生长曲线，了解其生长和繁殖规律，对人们根据生产需要，有效利用和控制细菌生长具有重要意义。

本实验采用光电比浊法测定细胞量，绘制细菌生长曲线。光电比浊法测定细胞量的原理为：当光线通过细菌悬液时，菌体的散射和吸收作用使光线的透过量降低。在一定范围内，细菌悬液细胞浓度与透光度成反比、与光密度成正比，而透光度或光密度可由光电池精确测出。因此，可用一系列已知细胞量的细菌悬液测定光密度，作出光密度-细胞量标准曲线。然后，以样品液所测得的光密度，从标准曲线中查出对应的细胞量。绘制标准曲线时，细胞计数可采用血细胞计数板计数。

三、实验仪器、材料和试剂

1. 仪器

752N型紫外可见光分光光度计，水浴振荡摇床，显微镜，无菌试管等。

2. 材料

蜡样芽孢杆菌。

3. 试剂

（1）牛肉膏。（2）蛋白胨。（3）氯化钠。（4）琼脂。（5）硫酸镁。（6）酵母粉。（7）磷酸氢二钾。（8）柠檬酸钠。（9）硫酸铵。（10）磷酸氢二钠。（11）氯化钙。

四、实验步骤

（一）蜡样芽孢杆菌斜面的培养

每 100mL 培养基称取牛肉膏 0.3g、蛋白胨 1.0g、氯化钠 0.5g、琼脂 1.8g、pH7.0。制斜面：每只试管 3mL 培养基，121℃灭菌 20min 后摆斜面。无菌间紫外灭菌 30min 后关灯 5min 后可进入。无菌条件下从炮弹管接种到种子斜面上，种子斜面放置 30℃培养箱培养 24h，种子斜面在 4℃冰箱保存。

（二）种子液体培养基准备

每 100mL 培养基称取酵母粉 3.0g、氯化钙 0.02g、硫酸镁 0.02g、氯化钠 0.25g、磷酸氢二钾 0.2g、柠檬酸钠 0.2g、硫酸铵 0.075g、磷酸氢二钠 0.2g、pH7.0（3.0mol/L NaOH 调节）。将种子液培养基、吸头、带胶塞的锥形瓶灭菌 20min。将斜面上的蜡样芽孢杆菌接种到种子液体培养基里（先取出液体培养基 6～8mL 放入斜面中混匀，再倒入液体培养基），在 30℃恒温摇床中培养。

（三）比浊测定及观察细胞形态

在 30℃恒温摇床培养过程中，每隔 1h 取样。用未接种的液体培养基做空白对照，选取 600nm 波长进行光电比浊测定，从第一个取出的培养液开始依次测定，对细胞密度大的培养液用液体培养基适当稀释后测定，使其光密度值在 0.1～0.65 之间。（测定 OD 值前，充分振荡待测定的培养液，使细胞均匀分布）。在测定发酵液 OD_{600} 值的同时，将对应的样品用单染色法制片，在显微镜下观察细胞的形态。

五、实验数据及处理

绘制蜡样芽孢杆菌的生长曲线。

六、思考题

1.如果用活菌计数法制作生长曲线，你认为会有什么不同？两者各有什么优缺点？

2.次生代谢产物的大量积累在哪个时期？根据细菌生长繁殖的规律，采用哪些措施可使次生代谢产物积累更多？

参考文献

［1］庄荣玉，赵洋甬，沈青青，等.一株异养型细菌对无机硫化物的降解特性和培养条件优化.生物工程学报，2018，34（4）：548-560.

［2］陈哲，梁宏，黄静，等.解淀粉芽孢杆菌 CM3 培养基及发酵条件优化.山西农业科学，2016，44（11）：1577-1583.

实验四 / 酵母菌摇瓶发酵和培养

一、实验目的

1. 熟悉酿酒酵母菌的培养方法。
2. 掌握测定酿酒酵母菌生长速率的方法。

二、实验原理

酿酒酵母（*Saccharomyces cerevisiae*），又称芽殖酵母或面包酵母，其细胞为球形或者椭圆形，直径 5～10μm。酿酒酵母的繁殖方式分为三种：出芽繁殖、孢子繁殖、接合繁殖。酿酒酵母与动物和植物细胞具有很多相同的结构，且易于培养，因此，酵母被用作研究真核生物的模式生物，广泛应用于食品（如制作面包和馒头等食品及酿酒）、医药、环境、能源等领域的科学研究与工业生产。

本实验用摇瓶发酵培养酿酒酵母菌，采用光电比浊法测定酵母细胞量，绘制酵母生长曲线，计算酵母生长速率，使学生了解酵母的生长和繁殖规律。光电比浊法测定细胞量的原理为：当光线通过酵母菌悬液时，菌体的散射和吸收作用使光线的透过量降低。在一定测量范围内，酵母细胞量与透光度成反比、与光密度成正比，透光度或光密度可由光电池精确测出。因此，可用一系列已知细胞量的酵母菌悬液测定光密度，绘制光密度——酵母细胞量标准曲线。然后，以样品液所测得的光密度，从标准曲线中查出对应的酵母细胞量。绘制光密度——酵母细胞量标准曲线时，酵母细胞计数可用血细胞计数板计数、平板菌落计数或测定细胞干重等方法。

三、实验仪器、材料和试剂

1. 仪器

721G 型可见光分光光度计，恒温摇床，旋涡振荡器，水浴锅，离心机移液器（量程分别为 1mL、200μL、10μL），试管，1.5mL 离心管等。

2. 材料

酿酒酵母菌 W303-1A。

3. 试剂

YPD 液体培养基：酵母抽提物（yeast extract，10g/L），蛋白胨（peptone，20g/L），葡萄糖（D-glucose，20g/L，单独灭菌），pH 自然。固体培养基添加 1.5% 琼脂粉。

四、实验步骤

1. 酿酒酵母菌的固体培养

无菌条件下从冰箱保存液中接到 YPD 固体平皿上，平皿倒置放于 30℃ 培养箱培养 2~3 天，种子平皿在 4℃ 冰箱保存。

2. 酿酒酵母菌的摇瓶培养

（1）将种子平皿上的酿酒酵母菌接种到装有 5mL YPD 液体培养基的试管中，在 30℃ 恒温摇床 225r/min 培养过夜。

（2）次日，分别按 10%、15% 和 20% 的接种量接入三个含有 40mL YPD 液体培养基的 250mL 摇瓶中，在 30℃ 恒温摇床 225r/min 培养，每隔 90min 取样一次，600nm 波长进行光电比浊测定 OD_{600}（表 2-2）。用未接种的液体培养基作空白对照，对细胞密度大的培养液用液体培养基适当稀释后测定，使其光密度值在 0.10~0.65 之内。（注意：测定 OD 值前，将待测定的培养液振荡，使细胞均匀分布）。

表 2-2　样品 OD_{600} 值

时间/h	稀释倍数	测定 OD_{600} 值	实际测定 OD_{600} 值
0			
1.5			
3			
4.5			
...			

（3）绘制酵母生长曲线，并计算对数期的生长速率和比生长速率。

（4）分析 10％、15％和 20％三种不同接种量下酵母生长曲线和生长速率的差异。

五、实验数据及处理

在坐标纸上绘制酿酒酵母的生长曲线，并计算生长速率和比生长速率。

六、思考题

1. 测定 OD 时应注意哪些事项？
2. 根据酵母的生长繁殖规律，采用哪些措施可使延迟期缩短？

参 考 文 献

[1] 周德庆.微生物学实验.2 版.北京：高等教育出版社，2006.

实验五 / 酵母发酵罐培养和发酵过程控制

一、实验目的

1. 掌握发酵罐的结构以及发酵系统的基本操作。
2. 掌握发酵过程中温度、pH、溶氧（DO）等重要参数的检测与控制。

二、实验原理

发酵罐是进行液体发酵的专用设备。本实验使用的发酵系统为 5L 发酵罐以及与之相匹配的控制系统。发酵系统对发酵过程中的补料、搅拌速度、空气流量、溶氧、温度、pH 等重要参数进行测定、记录及调节控制。

三、实验仪器、材料和试剂

1. 仪器

BIOTECH 的 5L 发酵罐系统（配备：空气压缩机、pH 电极、溶氧电极、连接管路），灭菌锅，恒温培养箱，空气摇床，分光光度计等，接种针，18cm×15mm 试管，250mL 锥形瓶，500mL 锥形瓶，5mL 移液管，酒精棉，火柴。

2. 材料

菌种。

3. 试剂

（1）0.1mol/L HCl 溶液。

（2）0.1mol/L NaOH 溶液。

（3）YPD 液体培养基：酵母抽提物（yeast extract，10g/L），蛋白胨（peptone，20g/L），葡萄糖（D-glucose，20g/L，单独灭菌，使用时加入），pH 自然。固体培养基添加 1.5％琼脂粉。

四、实验步骤

（一）菌种准备

1. 培养基的制备

（1）种子固体培养基：配制 60mL YPD 固体培养基，分装于 10 支试管中，在 0.1MPa、121℃条件下灭菌 20min，摆成斜面冷却。

（2）种子液体培养基：配制 400mL YPD 液体培养基，将其中 50mL 装于 250mL 锥形瓶中（一级种子瓶），将其中 300mL 装于 500mL 锥形瓶中（二级种子瓶），同上灭菌，备用。

2. 种子液的制备

（1）菌种的活化：上罐前 2 天，将菌种从冰箱中取出，转接斜面，在 30℃恒温培养箱中培养 1～2 天。

（2）接一级种子：上罐前 1 天，将菌种从斜面转接至一级种子瓶，在 30℃、200r/min 空气摇床中振荡培养过夜。

（3）接二级种子：将一级种子转接到二级种子瓶中，接种量为 15%，在 30℃、200r/min 空气摇床中振荡培养过夜。

（二）发酵罐灭菌前的准备工作

（1）分别校正 pH 电极、DO 电极。

（2）清洗发酵罐及各连接胶管。

（3）配制 3L YPD 液体培养基，置于 5L 发酵罐内。

（4）安装发酵罐，将校正好的 pH 电极、DO 电极装入发酵罐，将补料口、取样口等密封，将接种口用棉纱包起来（透气，不密闭），使其在灭菌过程中平衡罐内外气压。

（三）灭菌

需灭菌的有：发酵罐（含培养基、pH 电极、DO 电极），相关管路，补料液，酸碱溶液。置于灭菌锅中，在 121℃灭菌 30min。

（四）发酵

1. 启动软件，设置参数

（1）打开总开关，启动软件。

（2）点击右下角"操作员"登录系统。

（3）设置温度、搅拌转速、气体流量、补料速度等参数，并开启温度、搅拌、通气等。

（4）本实验：温度设置为30℃，搅拌转速调节为100～200r/min，进气量调节至2～3L/min。

2. 接种

在接种口凹槽中放置适量酒精棉，用火柴点燃酒精棉，在火焰氛围内，旋开接种口，将二级种子倒入发酵罐，然后旋紧接种口，移去火焰槽。接种后即刻进行取样，此样品的OD值为发酵零时的OD值。

3. 开始发酵

在操作界面进入"发酵操作"，点击"发酵"，开始进行发酵，发酵过程的数据会自动记录，此时"发酵"按钮切换成"归档"。

4. 取样

（1）将出料管置于废料瓶中，将出料口弹簧夹打开，这样发酵液就被压入废料瓶（可以暂时关闭发酵罐排气口，以增加罐内压加快取样），当取样管内的残液都排干净后，将出料管置于取样试管中进行取样，取样完成后夹紧出料口弹簧夹。

（2）将平衡口弹簧夹打开，使取样管内的发酵液退回发酵罐中。

（3）将出料口弹簧夹打开，排净出料管内的残液，再依次关闭出料口弹簧夹、平衡口弹簧夹，打开发酵罐排气口处的弹簧夹，取样结束。

5. 补料

（1）自动补料：设置"分钟""毫升"，点击"计算"，得出控制周期和工作时间的比例。

（2）手动补料：操作面板上按蠕动泵右侧"手动"按钮，手动泵入料液。

6. 发酵管理

（1）发酵过程中，监控发酵罐及控制系统，以保证各项参数在正常范围内。

（2）记录发酵过程中各项参数，包括搅拌速度、空气流量、DO、温度、pH 等。

（3）发酵的结束：当发酵过程完成后，点击"归档"结束发酵，数据会自动保存，而且可导出至 U 盘。关搅拌桨、关通气、关界面、关冷却水。

（五）发酵过程中各项参数的测定

1. 生物量（OD 值）的测定

用移液管量取 5mL 样品于试管中，用灭菌后的空白发酵液稀释至一定浓度后，在分光光度计上测定其在 600nm 下的光密度值。根据菌体浓度对光密度值的标准曲线，可以计算得到菌体浓度。

2. 温度、 pH、 DO 等参数的测定

温度、pH、DO 分别由发酵系统的温度计、pH 电极及 DO 电极测定，在线记录数据。

（六）放罐

放罐后，发酵液进入下一步的分离纯化工艺。

五、数据记录和讨论

（1）记录罐温、搅拌速度、通气量、罐压、pH、OD_{600} 等数据（表 2-3）。

（2）绘制 pH、生物量对发酵时间的动态曲线图，并简要分析。

表 2-3　样品 OD_{600} 值及 pH 值

编号	稀释倍数	OD_{600} 值	pH 值
0			
1			
2			
3			
...			

六、思考题

1.发酵罐发酵系统由哪些子系统组成？

2.发酵过程中要求罐压是正压还是负压？为什么？

3.写出利用发酵罐进行发酵的具体步骤。

4.对于发酵罐发酵操作的整个过程，你有哪些认识和思考？

参 考 文 献

[1] 田锡炜，王冠，张嗣良，等.工业生物过程智能控制原理和方法进展.生物工程学报，2019，35（10）：2014-2024.

[2] Sridhar L-N，Saucedo E-S-L. Optimal control of *Saccharomyces cerevisiae*. fermentation process. Chemical Engineering Communications，2016，203（3）：318-325.

[3] 仓基勇，于会贤，徐岩.小型全自动发酵罐的使用与维护.河北工业科技，2006，（02）：92-94.

[4] 陈继鸿.发酵罐工艺参数的控制要点及其系统使用问题探讨.机电信息，2017，（11）：34-37.

生物工程开放实验

蛋白质的分离纯化与鉴定

教学目标

◎ 1. 掌握从细胞中提取总蛋白的原理和方法。

◎ 2. 掌握 Western blotting 蛋白免疫印迹的原理和方法。

◎ 3. 掌握凝胶色谱法分离纯化蛋白质的原理和方法。

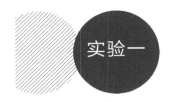

实验一 / **酵母总蛋白的快速提取及浓度测定**

一、实验目的

1. 熟悉玻璃珠振荡法快速提取酵母总蛋白的方法。
2. 掌握考马斯亮蓝染色法测定蛋白质含量的原理和过程。

二、实验原理

新鲜培养的细胞（或 $-80℃$ 冰箱冷冻的细胞）用冰冷的 $1×PBS$ 缓冲液洗涤后，加入蛋白破碎缓冲液和玻璃珠于细胞破碎仪（或旋涡振荡器）上振荡破碎细胞，然后离心，收集上清，即得细胞的总蛋白。总蛋白的浓度可用考马斯亮蓝染色法测定。在酸性溶液中，考马斯亮蓝 G250 染料和蛋白质结合后形成蛋白质-G250 染料复合物，使染料的最大吸收波长从 465nm 转变为 595nm，光吸收增加；同时颜色也由棕黑色变为蓝色，该蓝色化合物颜色的深浅与蛋白质浓度的高低成正比。G250 染料和蛋白质的结合很迅速，只需 2min 左右，且蛋白质-G250 染料复合物的颜色在 1h 内是稳定的。蛋白质-G250 染料复合物具有较大的吸光系数，提高了蛋白质浓度测定的灵敏度，可测定微克级的蛋白质含量，测定蛋白质浓度范围为 $0～1000μg/mL$。考马斯亮蓝染色法测定蛋白质浓度操作简单、测定速度快、干扰物质少、灵敏度高（比 Lowry 法约高 4 倍），是一种常用的微量蛋白质快速测定方法。此法的缺点是：每次测量都需要重新绘制标准曲线；此外，仍有一些物质干扰此法的测定，如去污剂、Triton X-100、SDS 等。

三、实验仪器、材料和试剂

1. 仪器

离心机，细胞破碎仪（或旋涡振荡器），移液器，紫外-可见分光光度

计，微量注射器，冰盒，酸洗玻璃珠（acid-washed，425～600μm，Sigma），
吸头，1.5mL 离心管。

2. 材料

酵母菌。

3. 试剂

（1）牛血清白蛋白。

（2）考马斯亮蓝 G250。

（3）95％乙醇。

（4）850g/L 磷酸。

（5）1×PBS 缓冲液：1mmol/L KH$_2$PO$_4$，10mmol/L Na$_2$HPO$_4$，
137mmol/L NaCl，2.7mmol/L KCl，pH7.4，置于 4℃冰箱保存。

（6）蛋白破碎缓冲液：50mmol/L Tris-HCl，pH7.5；150mmol/L
NaCl；1mmol/L EDTA；1％ NP-40/Igepal CA-630；0.25％脱氧胆酸钠
（sodium deoxycholate）；蛋白酶抑制剂混合物（protease inhibitor cocktail，
配制 100×储存液，－20℃保存）；1mmol/L 苯甲基磺酰氟（PMSF，细胞
破碎前加入，用无水乙醇配制 100×储存液，－20℃保存）；10mmol/L 氟化
钠（NaF，配制 100×储存液，室温保存）；1mmol/L 原钒酸钠（sodium
orthovanadate，配制 100×储存液，－20℃）；10mmol/L β-甘油磷酸（β-
glycerol phosphate，配制 100×储存液，室温保存）。

（7）YPD 液体培养基。

四、实验步骤

（一）酿酒酵母总蛋白的快速提取

（1）将酵母菌接入装有 5mL YPD 液体培养基的试管中，置于 30℃空气
浴摇床 225r/min 培养过夜。

（2）次日，转接入装有 20mL 新鲜 YPD 液体培养基的摇瓶中，使初始
OD$_{660}$为 0.15，置于 30℃空气浴摇床 225r/min 培养至 OD$_{660}$约为 1。

（3）取 1.0mL 菌液加入 1.5mL 离心管中，于 0～4℃低温环境下
12000r/min 离心 30s 收集菌体，弃上清，用冰冷的 1×PBS 将菌体重悬洗涤
细胞，于 0～4℃低温环境下 12000r/min 离心 30s，弃上清。

（4）用冰冷的蛋白质破碎缓冲液重悬细胞，然后转移到冰冷的装有 $200\mu L$ 酸洗玻璃珠的细胞破碎管中，加入 PMSF 至工作浓度。

（5）将装有酸洗玻璃珠和细胞的细胞破碎管放于细胞破碎仪中，以速度 4 挡破碎 30s，重复三次，每次间隔 2min 于冰盒中冷却细胞破碎管。

（6）将破碎后的细胞转入新的 1.5mL 无菌离心管内，于 $0\sim4℃$ 低温环境下离心 10min，将上清液转移至新的 1.5mL 无菌离心管内，作好标记后置于 $-80℃$ 冰箱保存。留取少量用于蛋白浓度测定。

（二）蛋白浓度测定

1. 标准蛋白质溶液的配制

称取牛血清白蛋白适量，加水溶解并配制成 1mg/mL 的溶液。

2. G250 蛋白试剂的配制

称取 100mg 考马斯亮蓝 G250，加入 95％乙醇 50mL 溶解，再加入 850g/L 磷酸 100mL，将溶液用水稀释至 1000mL。G250 蛋白试剂的终浓度为 0.01％考马斯亮蓝 G250，4.7％乙醇和 85g/L 磷酸。

3. 标准曲线的制作

取标准蛋白质溶液 $5\mu L$、$10\mu L$、$20\mu L$、$50\mu L$、$100\mu L$ 于小试管中，分别用水稀释至 0.1mL，然后分别加入 5mL G250 蛋白试剂，充分振荡混合，2min 后于 595nm 测定其光密度值。以 0.1mL 去离子水及 5mL G250 蛋白试剂作为空白对照。以蛋白质浓度为横坐标、光密度值为纵坐标，绘制蛋白质标准曲线。

4. 样品测定

取适量含 $10\sim100$g 蛋白质溶液于小试管中，加去离子水稀释至 0.1mL，然后加入 5mL G250 蛋白试剂，充分振荡混合，2min 后于 595nm 测定其光密度值。以 0.1mL 去离子水及 5mL G250 蛋白试剂作为空白对照。根据光密度值计算样品中蛋白质的含量。

五、数据记录和讨论

（1）绘制蛋白质标准曲线，计算回归方程和相关系数（表 3-1）。

表 3-1　蛋白质标准曲线绘制

编号	蛋白质质量/mg	体积/μL	C_S/(mg/mL)	OD_{595}	回归方程和相关系数
1		5			
2		10			
3		20			
4		50			
5		100			

（2）计算样品蛋白质的含量（表 3-2）。

表 3-2　样品蛋白质含量计算

样品编号	OD_{595}	C_x/(mg/mL)	蛋白质含量/%
1			
2			
3			
...			

【注意事项】

（1）牛血清白蛋白预先经微量凯氏定氮法测定蛋白氮含量，根据其纯度确定称取量，或根据牛血清白蛋白的紫外吸光系数为 6.6 来确定。

（2）一些阳离子，如 K^+、Na^+、Mg^{2+}、$(NH_4)_2SO_4$ 和乙醇等物质不干扰测定，而大量的去污剂如 Triton X-100 和 SDS 等严重干扰测定，少量的去污剂可通过用适当的对照而消除。

（3）如果测定要求很严格，可以在试剂加入后的 5～20min 内测定光密度，因为在这段时间内颜色是最稳定的；比色反应需在 1h 内完成。

（4）测定中，蛋白质-染料复合物会有少部分吸附于比色杯壁上，实验证明此复合物的吸附量是可以忽略的；测定完后可用乙醇将蓝色的比色杯洗干净。

六、思考题

1.蛋白质提取过程中应注意哪些事项？哪些因素会影响蛋白质提取质量？

2.影响蛋白质含量测定的因素有哪些？

参 考 文 献

[1] 格林，萨姆布鲁克.分子克隆实验指南：第 4 版.贺福初，主译.北京：科学出版社，2017.

[2] 白小佳.酿酒酵母 Ras2 蛋白的功能研究：[学位论文].天津：天津大学，2007.

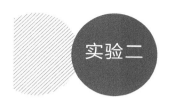

实验二 / # 蛋白质的聚丙烯酰胺凝胶电泳

一、实验目的

1. 了解 SDS-PAGE 聚丙烯酰胺凝胶电泳分离蛋白质的基本原理。
2. 掌握 SDS-PAGE 聚丙烯酰胺凝胶的配制方法和电泳方法。

二、实验原理

蛋白质在电场中的迁移速度与蛋白质的分子形状、分子量大小和所带的电荷数有关。SDS 是一种阴离子表面活性剂，能断裂蛋白质分子内和分子间的氢键，使蛋白质分子去折叠，破坏蛋白质分子的二级、三级结构；而强还原剂，如 β-巯基乙醇、二硫苏糖醇能使半胱氨酸残基之间的二硫键断裂。在蛋白质样品和凝胶中加入 SDS 和还原剂（如 β-巯基乙醇、二硫苏糖醇）后，可使蛋白质分子被解聚为组成它们的多肽链，解聚后的氨基酸侧链与 SDS 结合后，形成带负电荷的蛋白质-SDS 聚合体，其所带电荷数远远超过了蛋白质原有的电荷量，消除了不同分子间的电荷差异。同时，蛋白质-SDS 聚合体的形状也基本相同，这就消除了在电泳过程中分子形状对迁移率的影响。因此，在 SDS-PAGE 聚丙烯酰胺凝胶电泳中，蛋白质的迁移率只与蛋白质的分子量大小有关。

本实验运用 SDS-PAGE 聚丙烯酰胺凝胶电泳研究对数期和稳定期酵母细胞蛋白激酶 A 表达情况的差异。

三、实验仪器、材料和试剂

1. 仪器

垂直电泳仪，振荡器，冰盒，移液器，脱色摇床，吸头，1.5mL 离心管，10mL 离心管，50mL 离心管，微量进样针。

2. 材料

蛋白质样品。

3. 试剂

（1）1mol/L Tris-HCl（pH 8.8）。

（2）1mol/L Tris-HCl（pH 6.8）。

（3）20% SDS。

（4）10% APS（过硫酸铵）。

（5）TEMED（四甲基乙二胺）。

（6）2×SDS 样品缓冲液：125mmol/L pH 6.8 的 Tris-HCl，20%甘油；4% SDS，0.005% 溴酚蓝，存入 4℃或室温贮存；在使用之前加入 200mmol/L DDT 或 5% β-巯基乙醇。

（7）30%丙烯酰胺：称量丙烯酰胺 29.0g，亚甲基双丙烯酰胺 1.0g，加蒸馏水至 100mL 后置棕色瓶中，4℃贮存可用 1～2 月。

（8）10× 电泳缓冲液：依次溶解 250mmol/L Tris 碱（30.3g/L），1.92mol/L 甘氨酸（144g/L），1% SDS（10g/L）用双蒸水定容至 1L，室温贮存。

（9）考马斯亮蓝染色液（100mL）：0.25g 考马斯亮蓝 R250，45mL 甲醇，10mL 冰醋酸，45mL 去离子水。

（10）考马斯亮蓝脱色液：250mL 乙醇，80mL 冰醋酸，用去离子水定容至 1000mL。

四、实验步骤

（一） SDS-聚丙烯酰胺凝胶的制备

（1）SDS-聚丙烯酰胺凝胶由上下两层组成，上层为浓缩胶，下层为分离胶，其配方如表 3-3 所示。

表 3-3　SDS-聚丙烯酰胺凝胶配方

成分	分离胶（10%）	浓缩胶（6%）
30%丙烯酰胺	2.5mL	1.0mL
1mol/L Tris-HCl	3mL(pH 8.8)	630μL(pH 6.8)
20% SDS	38μL	25μL

续表

成分	分离胶（10%）	浓缩胶（6%）
ddH$_2$O	1.9mL	3.6mL
将以上成分充分混匀,灌胶之前加入以下成分：		
10% APS	36μL	25μL
TEMED	5μL	5μL
以上用量可以灌两块 SDS-PAGE 胶		

（2）按表 3-3 配方配制好分离胶，取 3.2mL 从中心位置缓慢加入两块玻璃板之间的夹层中。

（3）封胶：在上层空间加入适量无水乙醇封闭隔离空气；室温静置 30min 左右，分离胶聚合后，弃去玻璃板间的无水乙醇，用去离子水冲洗，并用滤纸吸干。

（4）在上层空间缓慢加入配制好的浓缩胶，插入"样品梳"，室温静置 30min 左右，待浓缩胶聚合后，轻轻垂直拔出"样品梳"。

（二）制样和上样

1.制样

将准备好的蛋白质样品中加入等体积的 2×SDS 样品缓冲液，于沸水浴中煮 5min，冷却至室温。将所有蛋白样品调至等浓度，充分混合沉淀加入 1×上样缓冲液后上样。

2.上样

将制备好的胶板安装在电泳仪上，在上、下电泳槽中分别加入稀释好的 1×电泳缓冲液。用移液器反复抽吸，将胶板下的气泡赶走。所有蛋白质样品调至等浓度，用微量进样针吸取上述适量蛋白质样品（10～20μL），分别加到各个样品孔中（为获得更准确的结果，可将每个样品做两次重复）。样品两侧的泳道用等体积的 1×上样缓冲液上样，蛋白质 Marker 也用 1×上样缓冲液调整至与样品等体积再上样。

（三）电泳和染色

1.浓缩电泳

将电泳仪电源与电泳槽连接，打开电源，调节电压至 80～100V，电泳

20～30min，待蛋白质条带跑至浓缩胶和分离胶交界处变换电压。

2. 分离电泳

调节电压至120～200V，电泳1～2h(时间长短，取决于蛋白质分子量的大小)，直至样品中染料迁移至离胶板下端1cm处。停止电泳，取出凝胶块。

3. 染色、脱色

（1）将凝胶浸入考马斯亮蓝染色液中，置于水平摇床或侧摆摇床上缓慢振荡30min以上（染色时间需根据凝胶厚度适当调整）。

（2）倒出染色液（注：染色液可以回收重复使用2～3次）。用去离子水把凝胶漂洗数次。

（3）把凝胶浸泡于适量考马斯亮蓝脱色液（要确保凝胶被脱色液完全覆盖），置于水平摇床或侧摆摇床上缓慢摇动，室温脱色1～4h。期间更换脱色液2～3次，待蓝色背景全部被脱去且蛋白条带清晰可见即可。（注：脱色期间可在脱色液中加入一片吸水纸，可使部分染料吸附在吸水纸上，加快脱色。凝胶脱色至大致看清条带约需1h，完全脱色则需更换脱色液2～3次，振荡达24h以上。脱色时间过长会导致蛋白条带的颜色变浅。）

（4）通过扫描、摄录等方法进行蛋白质定量检测。

五、数据记录和讨论

1. 记录电泳时间和样品染料带泳动的距离。
2. 记录考马斯亮蓝染色时间和脱色时间。
3. 观察染色后胶块上蛋白条带的变化并拍照记录。

六、思考题

1. 蛋白质在电场中的迁移率与哪些因素有关？
2. 制备聚丙烯酰胺凝胶时，哪些因素会影响凝胶的聚合？

参 考 文 献

[1] 格林，萨姆布鲁克. 分子克隆实验指南：第4版. 贺福初，主译. 北京：科学出版社，2017.

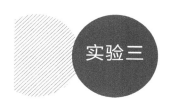

实验三 / 蛋白质免疫印迹实验

一、实验目的

1. 掌握蛋白质免疫印迹的基本原理和方法。
2. 掌握转膜的基本方法。

二、实验原理

1975 年，Southern 建立了将 DNA 转移到硝酸纤维素膜（NC 膜）上，并利用 DNA-DNA 杂交检测特定 DNA 片段的方法，称为 Southern 印迹法。随后人们用类似的方法，对 RNA 和蛋白质进行印迹分析，对 RNA 的印迹分析称为 Northern 印迹法，对 SDS-PAGE 聚丙烯酰胺凝胶电泳后的蛋白质分子进行的印迹分析称为 Western 印迹法。蛋白免疫印迹（Western blotting 或 Immunoblotting）一般由凝胶电泳、样品的印迹和免疫学检测三个部分组成（如图 3-1 所示）。首先，进行 SDS-PAGE 聚丙烯酰胺凝胶电泳，使待测样品中的蛋白质按分子量大小在凝胶中分成条带。其次，把凝胶中已分成条带的蛋白质转印到一种固相支持物上，通常用硝酸纤维素膜（NC 膜）和 PVDF 膜。蛋白转印的方法通常用电泳转移（或称转移电泳），它又有半干法和湿法之分，现在大多用湿法。最后，用特异性的抗体检测出已经印迹在膜上待研究的相应抗原蛋白。免疫检测的方法可以是直接的，也可以是间接的。现在多用间接免疫酶标的方法，首先用特异性的第一抗体杂交结合，再用酶标的第二抗体［辣根过氧化物酶（HRP）或碱性磷酸酶（AP）标记的抗第一抗体的抗体］杂交结合，最后加酶的底物显色或者通过膜上的颜色或 X 射线底片上曝光的条带来显示抗原的存在。

本实验首先采用湿式转膜法将蛋白质转印至 NC 膜上，然后运用抗体和抗原的免疫反应定性和定量鉴定蛋白质的浓度和大小，最后用辣根过氧化物酶 HRP-ECL 发光法显色。

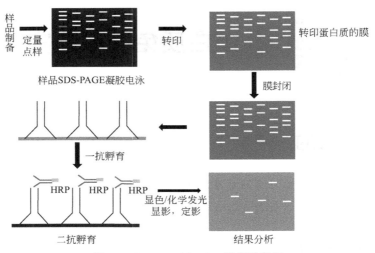

图 3-1　Western blotting 原理示意图

三、实验仪器、材料和试剂

1. 仪器

转印仪，水平或侧摆摇床，镊子，滤纸，抗体，塑料盒，曝光盒，广口玻璃盘。

2. 材料

脱脂奶粉。

3. 试剂

（1）SuperSignal® West Pico 化学发光底物〔SuperSignal West Pico Chemiluminescent Substrate（Pierce34080）〕。

（2）10×电泳缓冲液：依次溶解 250mmol/L Tris 碱（30.3g/L）、1.92mol/L 甘氨酸（144g/L）、1% SDS（10g/L），用双蒸水定容至 1L，室温贮存。

（3）转膜缓冲液：25mmol/L Tris 碱，0.192mol/L 甘氨酸，20%（体积分数）甲醇；取 100mL 10×电泳缓冲液，加入双蒸水稀释，加入 200mL 甲醇，再用双蒸水定容至 1L，4℃贮存。（转膜缓冲液可使用两次。）

（4）10×TBS：200mmol/L Tris 碱（24.2g），1.37mol/L NaCl（80g）；加双蒸水至 900mL，调节 pH 至 7.6，然后定容至 1L。

（5）洗脱缓冲液（TBST）：在 $1 \times$ TBS 中含有 0.1%（体积分数）吐温 20。

（6）封闭缓冲液：在洗脱缓冲液中加入脱脂奶粉，配制成 5% 的溶液。

（7）柯达显影液（2L）：在容器中加入 1.45L 双蒸水，依次加入 0.5L Solution A、20.4mL Solution B、18.2mL Solution C，每加入一种组分后均需充分混匀。

（8）柯达定影液（2L）：在容器中加入 1.45L 双蒸水，依次加入 0.5L Solution A、46mL Solution B，每加入一种组分后均需充分混匀。

四、实验步骤

（一）转膜

1. 准备工作

电泳结束前 20min 左右戴上手套开始准备。

（1）滤纸：剪适当大小的滤纸（6张），浸入转膜缓冲液中。

（2）浸泡 NC 膜：将 NC 膜平铺于去离子水面，靠毛细作用自然吸水后再完全浸入水中 10min 以排除气泡，随后浸泡入转膜缓冲液中。（若用 PVDF 膜则在 M-OH 中浸泡 20min 以上后转入转膜缓冲液中。）

2. 固定转印夹层

取出含有蛋白质的凝胶，保留分子量 3 万～10 万或分子量范围更广些的胶（以便以后观察其他感兴趣的蛋白质），切除左上角做标记，在转膜缓冲液中稍稍浸泡一下，置于洁净玻璃板上。按顺序铺上黑色塑料夹板、海绵、三层滤纸、凝胶块、NC 膜、三层滤纸、海绵和白色塑料夹板〔如图 3-2（a）所示〕，用两侧的夹板把凝胶块和 NC 膜固定好。（注意：用玻璃棒逐出气泡，剪去滤纸与膜的过多部分，尤其是干转，以防止短路。）

3. 转印

把固定好的夹板块放入电泳槽中（注意：有膜一侧应靠近正极，即要白对红、黑对黑放置），加入转膜缓冲液，把预先冻好冰的白色冰盒放入电泳槽。接通电源，将蛋白质在 100V 电压下转印至硝酸纤维素膜上，转印过程需低温进行，约需 1～2h（注意：转印时间可根据蛋白质分子量大小适当调整）。

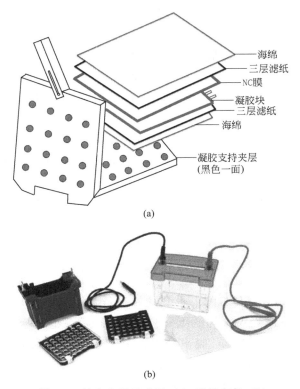

图 3-2　转印夹层示意图（a）及转印仪（b）

（二）孵育抗体

（1）将硝酸纤维素膜的正面（与凝胶接触的一面）朝上放入装有 25mL 封闭缓冲液的盒子中，于室温下封闭 1h。

（2）弃去封闭液，加入 10mL 含有一抗的封闭缓冲液，于 4℃过夜，使待检测的抗原蛋白与一抗特异结合。

（3）保持膜正面朝上，用 TBST 缓冲液洗 3 次，每次 10min。

（4）加入含有二抗的封闭缓冲液，于室温下温育 1h。

（5）将膜用 TBST 缓冲液洗 3 次，每次 10min，再用 TBS 洗一次，时间为 10min。

（三）发光鉴定-辣根过氧化物酶 HRP-ECL 发光法

（1）在水平桌面上放两张平整的保鲜膜，分别取等量的反应底物溶液 I

(SuperSignal west pico lumenol/Enhancer solution）和反应底物溶液 II（SuperSignal west pico stable peroxide solution），将其充分混匀，然后全部取出滴在其中的一张保鲜膜上。（注：反应底物溶液量应根据膜大小适当调整，反应底物溶液能完全浸湿膜即可，不可过多或过少。）

（2）将硝酸纤维素膜正面朝下轻轻地放在保鲜膜上的反应液上，使之充分接触反应 2min。

（3）用保鲜膜将硝酸纤维素膜包裹起来，硝酸纤维素膜正面朝上放到曝光盒里。

（4）在暗室中拿出一张胶片，准确压在硝酸纤维素膜正上方，扣上曝光盒曝光一定时间。

（5）在黑暗（暗室）中将胶片取出，放入显影液中显影 4min，用自来水冲洗胶片，之后将胶片放入定影液中定影 1min，用自来水冲洗胶片后即可在可见光下观察结果。

（6）标定蛋白质 Marker，进行扫描与分析。

五、数据记录和讨论

（1）记录转膜电压与转膜时间。

（2）记录抗体与膜杂交（上抗体）时间。

（3）留存曝光后的胶片，拍照分析。

【注意事项】

（1）滤纸、胶、膜之间的大小，一般是滤纸＞膜＞胶。

（2）滤纸、胶、膜之间千万不能有气泡，气泡会造成短路。

（3）因为膜的疏水性，膜必须随时保持湿润（干膜法除外）。

（4）滤纸可以重复利用，上层滤纸（靠膜）内吸附有很多转移透过的蛋白质，所以上下滤纸一定不能弄混，在不能分辨的情况下，可以将滤纸换新的。

（5）转移时间一般为 1.5h（1～2mA/cm^2，10％胶），可根据分子量大小调整转移时间和电流大小。

六、思考题

1.蛋白质转膜效率与哪些因素有关?

2. 上抗体前为什么要封闭膜?

3. 曝光后胶片上蛋白条带的亮度与哪些因素有关?

参 考 文 献

[1] 格林,萨姆布鲁克.分子克隆实验指南:第 4 版.贺福初,主译.北京:科学出版社,2017.

[2] Alelson J N,Simon M,Fink G R.Guide to yeast genetics and molecular and cell biology. Boston:Elsevier academic press,2004.

实验四 ╱ 凝胶色谱法分离纯化蛋白质实验

一、实验目的

1.掌握从发酵液中提取分离蛋白质的方法。

2.了解凝胶色谱法的工作原理，掌握其基本操作技术。

二、实验原理

1.凝胶色谱法分离蛋白质的原理

凝胶色谱（gel chromatography）又称为凝胶排阻色谱（gel exclusion chromatography）、分子筛色谱（molecular sieve chromatography）、凝胶过滤（gel filtration）、凝胶渗透色谱（gel permeation chromatography）等。凝胶色谱无需有机溶剂，是按照蛋白质分子量大小兼顾形状不同进行分离的技术。凝胶色谱的固定相是惰性的珠状凝胶颗粒，凝胶颗粒的内部具有立体网状结构，形成很多孔穴，凝胶颗粒不带电荷，吸附力弱。当待分离混合组分的样品进入凝胶色谱柱后，各个组分就向固定相的孔穴内扩散，组分的扩散程度取决于孔穴的大小和组分分子大小。比孔穴孔径大的分子不能扩散到孔穴内部，完全被排阻在孔外，只能在凝胶颗粒外的空间随流动相向下流动，它们经历的流程短，流动速度快，所以最先流出；较小的分子则可以完全渗透进入凝胶颗粒内部，经历的流程长，并且受到来自凝胶珠内部的阻力也较大，流动速度慢，所以最后流出；分子大小介于二者之间的分子在流动中部分渗透，渗透的程度取决于它们分子的大小，所以它们流出的时间介于二者之间，分子越大的组分越先流出，分子越小的组分越后流出。这样样品经过凝胶色谱后，各个组分便按分子从大到小的顺序依次流出，从而达到了分离的目的。分子大小相差25％以上的样品，只要通过单一凝胶床就可以完全分开。

2. 脂肪酶简介

脂肪酶（lipase）是催化长链酰基甘油分解（合成）的羧酸酯酶，是一类具有催化作用的蛋白质。它广泛地存在于动物肝脏、植物种子和微生物中。在动物体内控制着消化、吸收以及脂蛋白代谢等重要过程。自然界种类众多的微生物可产生大量性能各异的脂肪酶，并且分泌到胞外，这些来源于微生物的脂肪酶因其具有较高的催化活性和稳定性、容易工业化生产而得到人们的广泛研究，并且在洗涤添加剂、有机合成、皮革脱脂、造纸、医药等方面得到广泛的应用，是一类具有重要应用价值的工业用酶。本实验以胞外酶脂肪酶为例，主要利用凝胶色谱法分离纯化蛋白质，将发酵液经过离心取上清液、低温盐析并离心取沉淀、透析、凝胶色谱等系列过程分离纯化蛋白质。脂肪酶分子量大约 $30000 \sim 45000$，Sephadex G-75 葡聚糖凝胶分离范围 $3000 \sim 80000$，因此选择 Sephadex G-75 葡聚糖凝胶用于脂肪酶分离纯化。

三、实验仪器、材料和试剂

1. 仪器

冷冻离心机，真空烘箱（配干燥剂），酸度计，温度计，水浴锅，电冰箱，紫外分光光度计，铁架台（带两个夹子），移液器（5mL），天平，色谱柱（3.5cm×20cm），离心管（10mL 和 50mL），烧杯，玻璃棒（25cm 和30cm），石英比色皿，保鲜膜，透析袋（截留分子量10000），冰袋，滤纸。

2. 材料

脂肪酶表达菌株。

3. 试剂

（1）发酵液。

（2）葡聚糖凝胶（Sephadex G-75）。

（3）硫酸铵饱和溶液。

（4）磷酸缓冲液（20mmol/L，pH 8.0）：约 94.7mL 0.2mol/L Na_2HPO_4 与 5.3mL 0.2mol/L NaH_2PO_4 混匀后，加水稀释定容至 1000mL。

四、实验步骤

1. 酶的抽提

（1）准备脂肪酶表达菌株发酵液适量。

（2）在 10mL 离心管中，用 5mL 移液器加 9mL 发酵液，记号笔标上组号。用天平称量，离心机中相对两组的样品（含离心管）质量差小于 0.05g，低温离心（4℃，7000r/min，10min）取上清液（粗酶液）。

（3）将上清液倒入 50mL 离心管中，记号笔标上组号，缓缓加硫酸铵饱和溶液 20mL，封口，放在盛凉水的 500mL 大烧杯里，置于加冰袋的水浴锅中，低温盐析 2h。（注意：需提前取 500mL 大烧杯，加 200mL 水，保鲜膜封口，放进冰箱。）

（4）用天平称量，离心机中相对两组的样品（含离心管）质量差小于 0.05g，低温离心（4℃，7000r/min，15min）。将上清液倒掉，取沉淀加入 2mL 磷酸缓冲液溶解。

（5）取预处理后一端夹紧的透析袋，将溶解后的蛋白质溶液倒入透析袋中，排出空气，另一端封口，放在装有 300mL 磷酸缓冲液的 500mL 烧杯中，低温透析 3～4h。

附透析袋预处理方法：将透析袋放入沸水中煮 10min 以上，期间略微搅拌，然后用清水冲洗，扎紧下口检查不漏水后方可使用。（注意：透析袋要预留足够空间，因透析过程中溶液会进入透析袋使其体积变大。）

2. 凝胶色谱对酶提取液的纯化

（1）凝胶的预处理　为使样品通过凝胶时流速稳定并得到很好的分离效果，应该对凝胶进行预处理。称取 30g Sephadex G-75 凝胶，用双蒸水 500mL 在水浴近沸温度下热溶胀 2h 或室温溶胀 24h。在凝胶溶胀时要避免剧烈搅拌，以防凝胶交联结构的破坏。上柱前将处理好冷却的凝胶于真空烘箱中抽真空并常温静置 20～30min 以脱气，待气泡去除，凝胶沉降后，缓慢地以倾斜法除去上层多余的水及悬浮微粒。

（2）装柱　装柱是凝胶色谱中最重要的环节，操作时凝胶必须装得十分均匀，中间不要有气泡或断层。首先必须将色谱柱垂直地安装在铁架台上，下方放 50mL 小烧杯接流出液。取磷酸缓冲液 40mL 倒进柱内，待流出 20～30mL 后关闭柱子下端的螺旋夹。然后取玻璃棒，下端贴色谱柱内壁，上端不贴柱口，将脱气后的凝胶用玻璃棒沿壁小心地缓缓倒进柱内，至凝胶体积约为柱体积的 1/2，尽量一次装完，以免出现不均匀的凝胶断层。可用滤纸片轻轻盖在凝胶床表面，防止上样时凝胶被冲起。待凝胶沉降 3min 后打开螺旋夹，将凝胶上多余的水放走只留一薄层，若凝胶占柱体积过大可用移液器吸出。用 20mL 磷酸缓冲液冲洗凝胶柱，使柱床稳定。特别要注意在任何时候都不要使液面低于凝胶表面，否则凝胶变干，并有可能产生气泡，从而影响液体在柱内的流动。检查色谱柱是否均匀，有无"纹路"或气泡，必要时可加一些有色物质来观察色带的移动，如色带狭窄、均匀平整说明色谱柱的性能良好，若色带出现歪曲、散乱、变宽则需要重新装柱。上样前要用上述缓冲液平衡凝胶柱，待流出液在紫外分光光度计测出的 280nm 光密度值小于 0.02 时，可停止平衡，开始上样。

（3）上样　为了获得较好的分离效果，上样量要小，最多不能超过柱床体积的 25%～40%。加样前，关闭柱下端的螺旋夹，用移液器慢慢地吸走或打开螺旋夹放出凝胶上层的缓冲液，待床面只留下薄薄一层液体时开始加样。用移液器吸取 5mL 提取酶液，沿液面上方 3cm 处管壁缓慢小心地加到凝胶床上，避免冲起凝胶。打开柱下的螺旋夹，待样品完全进入凝胶后，移液器换新吸头加少量磷酸缓冲液冲洗管壁，待溶液流入凝胶床内，关闭螺旋夹。

（4）洗脱　在色谱柱上方缓慢加入磷酸缓冲液，体积为色谱柱 1/3 至加满。用下口螺旋夹调节流速为 0.3～0.5mL/min（约 6～10 滴/min），在色谱柱下方换新的 50mL 小烧杯接蛋白溶液，每 8min 收集一个样品并测量体积，放入洗净(水洗干净，磷酸缓冲液润洗，若待测液样品足量再用样品润洗，用擦镜纸擦干)的石英比色皿中，用紫外分光光度计(0 号位放空白磷酸缓冲液对照)测定各管收集液的 OD_{280} 值，以时间为横坐标、OD 值为纵坐标绘出洗脱曲线。

待光密度值小于 0.02 或基本不变时停止洗脱，将凝胶倒回烧杯。

3. 脂肪酶紫外分光光度计标准曲线

配制蛋白酶标准浓度溶液，用紫外分光光度计测定各浓度的 OD_{280} 值，绘制标准曲线。

五、数据记录和讨论

（1）利用标准曲线计算不同管号的蛋白质浓度，绘出蛋白质浓度曲线。

（2）计算收集得到的蛋白质质量。

【拓展知识】

1. 凝胶的特性要点

葡聚糖 G 后面的数字代表不同的交联度，数值越大交联度越小，吸水量越大，其数值大致为吸水量的 10 倍。Sephadex 对碱和弱酸稳定（在 0.1mol/L 盐酸中可以浸泡 1~2h）。在中性时可以高压灭菌。不同型号中又有颗粒粗细之分。颗粒粗的分离效果差，流速快；颗粒越细分离效果越好，但流速也越慢。交联葡聚糖工作时的 pH 稳定在 2~11 的范围内。葡聚糖 G 型凝胶分离的分子量分级范围为 700~800000。

2. 凝胶的溶胀

G 系交联葡聚糖凝胶亲水性强，只能在水中溶胀（仅有少量的有机溶剂也可以使之溶胀），有机溶剂或含有有机溶剂较多的水溶液会改变其孔隙，使之收缩失去或降低凝胶的分离能力。在水中溶胀时如在室温则需要较长时间，才能达到充分溶胀的程度，但可水浴至近沸，以缩短溶胀时间。

3. 脂肪酶的特性

脂肪酶的最适保存温度为 4℃，最适作用温度为 30~60℃（40℃），真菌脂肪酶 pH 稳定范围通常在 4.0~10.0 之间（7.5）。蔗糖、乳糖对酶有保护作用，2mol/L 的蔗糖保护效果最好。

六、思考题

1. 要保证分离纯化得到的脂肪酶的酶活力应注意哪些操作？

2. 检测蛋白质透析是否充分可用哪种盐判定？如何判定？其阴阳离子选择的依据是什么？

3. 蛋白质的沉淀方法有哪些？哪些会使蛋白质变性？哪些不会？

参考文献

[1] 原永洁，林贻箴. 流速对蛋白质凝胶排阻层析分辨率的影响. 山东师大学报（自然科学版），1995，10（1）：75-77.

[2] 吕微，蒋剑春，徐俊明. 蛋白质提取及分离纯化研究进展. 精细石油化工进展，2010，11（11）：52-58.

[3] 孟欣欣. 假单胞菌 Lip35 低温脂肪酶分离纯化及酶学性质研究：[学位论文]. 保定：河北农业大学，2008.6.

生物工程开放实验

第四章

酶学实验

☑ 1. 掌握微生物发酵产酶的发酵条件优化。
☑ 2. 掌握测定酶活力的原理和方法。
☑ 3. 掌握酶的固定化方法。
☑ 4. 掌握交联酶聚集体的制备原理和方法。

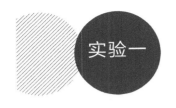

实验一 / **有机磷降解酶产生菌发酵条件优化**

一、实验目的

1.掌握利用微生物发酵生产酶的原理和方法。

2.掌握有机磷降解酶活力测定方法。

3.了解诱导剂异丙基-β-D-硫代半乳糖苷（IPTG）诱导酶表达的原理。

二、实验原理

有机磷农药（Ops）是一种含磷的有机化合物，因含有三个磷酸酯键，也被称为磷酸三酯（图4-1）。Ops化学性质稳定、杀虫谱广、毒性高、耐药性不显著，能够有效保护农产品免受害虫的破坏，因而被广泛用于病虫害的预防、控制或消灭，以确保农作物高产稳产。然而Ops不易降解，随其长期使用，环境中残留的Ops不断积累，造成水体、土壤和大气等污染，严重危害人们的生存环境。目前对Ops的处理方法有物理法、化学法和生物法。其中生物法具有绿色、安全、高效等特点，符合21世纪对绿色环保的要求，生物法降解Ops包括微生物降解和生物酶降解两种方式。生物法降解Ops的原理是Ops降解菌表达有机磷降解酶，该酶能破坏Ops的P—O键、P—S键和P—F键等，使之降解为无毒或低毒的小分子化合物，如甲基对硫磷（MP）可被有机磷降解酶（OpdA）降解为对硝基苯酚（PNP）（图4-2）。因此，为提高Ops的降解效率，需对微生物发酵条件进行优化。

图 4-1 Ops 的结构通式

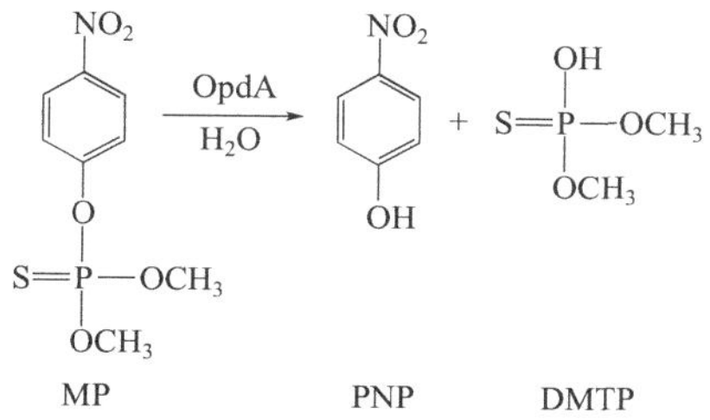

图 4-2　OpdA 降解 MP 生成 PNP 的反应过程

三、实验仪器、材料和试剂

1.仪器

超净工作台、培养箱、摇床、匀浆机、离心机、高压蒸汽灭菌锅、恒温水浴锅、分光光度计、电子天平、冰箱、pH 计，250mL 锥形瓶、大试管（50～80mL）、培养皿、比色皿、移液器、移液器吸头、接种环。

2.材料

菌种。

3.试剂

蛋白胨、酵母粉、琼脂粉、氯化钠、硫酸卡那霉素、IPTG、甲基对硫磷、乙腈、对硝基苯酚、三氯乙酸、碳酸钠、三（羟甲基）氨基甲烷（Tris）、盐酸。

四、实验步骤

1.培养基的制备

（1）LB 液体培养基(pH7.5)　准确称取蛋白胨 10g、酵母粉 5g 和 NaCl 氯化钠 5g，溶于蒸馏水中，用 1mol/L 氢氧化钠调节 pH 至 7.5，并加蒸馏水定容至 1L。121℃高压蒸汽灭菌 20min。

（2）LB 固体培养基　在 LB 液体培养基中按质量分数 2%加入琼脂粉。

（3）发酵培养基　胰蛋白胨 1.0%、酵母粉 0.5%和氯化钠 0.5%。

（4）含硫酸卡那霉素的培养基　在培养基中加入硫酸卡那霉素，使其终浓度为 50μg/mL。

2. 粗酶液的制备

（1）菌种活化　用接种环挑取保存于−80℃冰箱中的菌种一环，于含硫酸卡那霉素的LB平板培养基中划线，置于37℃恒温培养箱中培养48h。

（2）活化培养　将菌种接种入装有10mL含硫酸卡那霉素的LB液体培养基中，在37℃下培养16h（摇床转速为180r/min）。

（3）扩大培养　取一定量的活化种子培养液，接入到50mL含硫酸卡那霉素的发酵培养基中，在37℃下培养至OD_{600}为$0.2\sim1.0$（摇床转速为180r/min）。

（4）诱导表达　加入诱导剂IPTG，使其终浓度为$0\sim2$mmol/L，30℃诱导培养$9\sim24$h(摇床转速为180r/min)；然后低温（$10\sim25$℃）培养$3\sim15$h（摇床转速为180r/min）。

（5）粗酶液的提取　发酵液4℃下离心2min（9000r/min），收集菌体，用Tris-HCl缓冲液（50mmol/L，pH8.0）清洗菌体$2\sim3$次，然后用Tris-HCl缓冲液重悬，使用匀浆机破碎菌体。将破碎的菌液，4℃离心10min（9000r/min），获得的上清液即为粗酶液。

3. 发酵条件优化

（1）IPTG浓度对发酵产酶的影响　在诱导表达过程中，待发酵液OD_{600}为0.6时，加入诱导剂IPTG的终浓度分别为0mmol/L、0.1mmol/L、0.2mmol/L、0.5mmol/L、1.0mmol/L和2.0mmol/L，30℃培养12h，然后15℃培养6h，收集菌体，破碎细胞，获得粗酶液，测定酶的活力。

（2）IPTG加入时间对发酵产酶的影响　在扩大培养过程中，待菌体培养至OD_{600}为0.2、0.4、0.6、0.8和1.0时，加入IPTG进行诱导表达，30℃培养12h，然后15℃培养6h，收集菌体，破碎细胞，获得粗酶液，测定酶的活力。

（3）诱导时间对发酵产酶的影响　在诱导表达过程中，加入（1）中优化后的IPTG进行诱导表达，30℃培养9h、12h、15h、18h、24h和27h，然后15℃培养6h，收集菌体，破碎细胞，获得粗酶液，测定酶的活力。

在诱导表达过程中，加入IPTG进行诱导表达，30℃培养一定时间，然后15℃培养3h、6h、9h、12h和24h，收集菌体，破碎细胞，获得粗酶液，测定酶的活力。

（4）诱导温度对发酵产酶的影响　在诱导表达过程中，加入IPTG进行诱导表达，30℃培养一定时间，然后分别在10℃、15℃、20℃和25℃下培养一定时间，收集菌体，破碎细胞，获得粗酶液，测定酶的活力。

4. 绘制对硝基苯酚标准曲线

用 Tris-HCl 缓冲液（50mmol/L，pH8.0）配制 $15\mu mol/L$、$30\mu mol/L$、$45\mu mol/L$、$60\mu mol/L$、$120\mu mol/L$ 和 $180\mu mol/L$ 对硝基苯酚，取 1mL 待测液，依次加入 1mL 三氯乙酸（10%）和 1mL 碳酸钠溶液（10%），混合均匀后在 410nm 下检测混合物的光密度值，以对硝基苯酚浓度为横坐标、光密度值为纵坐标，绘制标准曲线。

5. 有机磷降解酶活力的测定

在 $895\mu L$ Tris-HCl 缓冲液（50mmol/L，pH 8.0）中加入 $100\mu L$ 粗酶液和 $5\mu L$ 10mg/mL 甲基对硫磷（乙腈为溶剂），37℃ 下反应 5min，加入 1mL 10% 三氯乙酸终止反应，然后加入 1mL 10% 碳酸钠显色，在分光光度计上测定 410nm 处的光密度值。根据步骤 4 中的标准曲线计算甲基对硫磷降解为对硝基苯酚的量，并计算酶活力。

酶活力定义：在 37℃，pH8.0 条件下，有机磷降解酶每分钟催化甲基对硫磷降解生成 $1\mu mol$ 对硝基苯酚所需的酶量定义为 1U。

五、实验数据和讨论

1. 记录各种发酵条件下的酶活力值，分别以表格和图形形式表示。
2. 绘制有机磷降解酶在不同发酵条件下的变化曲线。
3. 分析实验结果，总结有机磷降解酶的最优发酵条件。

六、思考题

1. 简述发酵产酶的主要影响因素。
2. 何为生物降解法？

参 考 文 献

[1] Xue S G，Li J J，Zhou L Y，et al. Simple purification and immobilization of His-tagged organophosphohydrolase from cell culture supernatant by metal organic frameworks for degradation of organophosphorus pesticides. Journal of Agricultural and Food Chemistry,

2019，67（49）：13518-13525.

[2] Zhou L Y，Li J J，Gao J，et al. Facile oriented immobilization and purification of His-tagged organophosphohydrolase on viruslike mesoporous silica nanoparticles for organophosphate-bioremediation. ACS Sustainable Chemistry & Engineering，2018，6（10）：13588-13598.

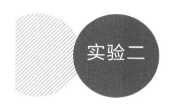

实验二　淀粉酶发酵条件优化

一、实验目的

1. 掌握微生物发酵产酶的影响因素。
2. 了解淀粉酶产生菌生长和代谢情况。

二、实验原理

淀粉酶是最重要的工业酶制剂之一，在乳制品、软饮料、巧克力、医药、食品加工、葡萄酒、皮革、纺织、造纸等行业有广泛的应用。目前工业上应用的商业淀粉酶主要是通过微生物发酵技术制备。培养基作为整个发酵过程的营养供给，不仅能为发酵菌体的生长和表达提供足够的碳源、氮源和无机盐等营养要素，其成本还直接影响整个发酵生产过程的经济效益。发酵条件也是决定微生物发酵产酶的主要因素。为了获得最佳产酶量，须对碳源种类和浓度、氮源种类和浓度、装液量、接种量和发酵时间等进行优化，探索适合微生物发酵产酶的最佳工艺，为微生物发酵产酶的生产和应用提供理论基础和实验依据。

三、实验仪器、材料和试剂

1. 仪器

超净工作台、恒温培养箱、恒温摇床、离心机、高压蒸汽灭菌锅、恒温水浴锅、分光光度计、电子天平、冰箱、pH 计、研钵、250mL 锥形瓶、试管、培养皿、比色皿、移液器、吸头容量瓶。

2. 材料

菌种。

3. 试剂

蛋白胨、酵母粉、硝酸钠、氯化钠、氯化钙、磷酸二氢钾、硫酸镁、葡萄糖、乳糖、玉米淀粉、马铃薯淀粉、氢氧化钠、盐酸、乙酸、碘化钾、碘。

四、实验步骤

1. 培养基和试剂的制备

（1）LB液体培养基（pH7.5）：胰蛋白胨1.0%、酵母粉0.5%和氯化钠0.5%，用1mol/L氢氧化钠调节pH至7.5。121℃高压蒸汽灭菌20min。

（2）LB平板培养基：在LB液体培养基中按质量分数2%加入琼脂粉。

（3）发酵培养基：按碳源0.5%～2.5%、氮源0.5%～2.5%、磷酸二氢钾0.05%、硫酸镁0.01%和氯化钙0.05%配制，121℃高压蒸汽灭菌20min。

（4）1%淀粉溶液：准确称取1.0g淀粉，加入25mL 0.4mol/L NaOH，60℃保温5min，冷却后加入25mL 0.4mol/L乙酸，定容至100mL。

碘化钾-碘溶液：0.5g碘和5.0g碘化钾水中研磨，定容至1000mL。

2. 菌种准备

（1）菌种活化：用接种环挑取保存于−80℃冰箱中的菌种于LB平板培养基中划线，置于37℃恒温培养箱中培养48h。

（2）种子培养：将活化菌种接种到10mL LB液体培养基中，37℃下培养16h，转速为200r/min。

（3）发酵培养：取一定量的种子培养液，接入30mL发酵培养基中，于37℃下培养48～96h，转速为200r/min。

3. 碳源对发酵产酶的影响

（1）碳源种类对发酵产酶的影响　按2%碳源用量配制发酵培养基，碳源分别为葡萄糖、乳糖、玉米淀粉和马铃薯淀粉，保持其他成分不变（蛋白胨1.5%、磷酸二氢钾0.05%、硫酸镁0.01%和氯化钙0.05%），以10%的接种量进行发酵，37℃培养72h后发酵液离心（4℃、9000r/min离心2min），测定上清液中淀粉酶的活力。

（2）碳源浓度对发酵产酶的影响　选取上述（1）中对应淀粉酶活性最高的糖为碳源，分别以0.5%、1%、1.5%、2%、2.5%和3%的浓度添加到发酵培养基中，保持其他成分（蛋白胨 1.5％、磷酸二氢钾 0.05％、硫酸镁 0.01％ 和氯化钙 0.05％）和发酵条件不变（37℃ 培养 72h），发酵结束后离心（4℃、9000r/min 离心 2min），测定上清液中淀粉酶的活力。

4. 氮源对发酵产酶的影响

（1）氮源种类对发酵产酶的影响　　按 1.5％ 氮源用量配制发酵培养基，氮源为蛋白胨、酵母粉和硝酸钠，保持其他成分不变（以 3 中最优碳源和用量为基准，磷酸二氢钾 0.05％、硫酸镁 0.01％ 和氯化钙 0.05％），37℃ 发酵 72h 后，发酵液在 4℃ 下离心 2min（9000r/min），测定上清液中淀粉酶的活力。

（2）氮源浓度对发酵产酶的影响　　选取步骤 4（1）中对应淀粉酶活性最高的物质为氮源，分别以 0.5％、1％、1.5％、2％、2.5％ 和 3％ 的浓度添加到发酵培养基中，37℃ 摇瓶发酵 72h，4℃、9000r/min 离心 2min，测定上清液中淀粉酶的活力。

5. 装液量对发酵产酶的影响

分别取 20mL、30mL、40mL、50mL、60mL 和 70mL 的发酵培养基于 250mL 锥形瓶中，在相同接种量(10％)和相同培养条件(37℃，200r/min 培养 72h)下发酵培养，发酵结束后，4℃ 条件下 9000r/min 离心 2min，测定上清液中淀粉酶的活力。

6. 接种量对产酶的影响

分别以 6％、8％、10％、12％ 和 14％ 的接种量接种于一定量的发酵培养基中，37℃ 摇瓶发酵 72h(200r/min)，发酵结束后，4℃ 条件下 9000r/min 离心 2min，测定上清液中淀粉酶的活力。

7. 发酵时间对产酶的影响

按最佳接种量接种于发酵培养基中，37℃ 摇瓶发酵 48h、60h、72h、84h 和 96h（200r/min），发酵结束后，4℃ 条件下 9000r/min 离心 2min，测定上清液中淀粉酶的活力。

8. 淀粉酶的活力测定

在 19.0mL 1％ 可溶性淀粉溶液中加入 1.0mL 待测酶液，60℃ 磁力搅拌反应 5min。取 1.0mL 反应液加入 0.5mL 盐酸溶液（0.1mol/mL）中终止反应，其后加入 8.5mL 碘化钾-碘溶液中，摇匀，并于 660nm 下测定其光密度。空白对照：不加酶液，加相应体积的水。

酶活力定义：在最适条件下，每分钟将淀粉溶液（1％）的显蓝强度降低 1％时所需酶量定义为 1U。

五、实验数据处理

1. 记录各发酵条件下淀粉酶的活性，以表格或图形式表示。
2. 分析实验结果。

六、思考题

1. 简述影响微生物发酵产酶的主要因素。
2. 酶的生产方法主要有哪些？用于酶生产的微生物应具有什么特点？
3. 查阅资料，写出一种适合发酵液中淀粉酶提取的实验方案。

参 考 文 献

[1] Hasana M M，Marzana L W，Hosnaa A，et al. Optimization of some fermentation conditions for the production of extracellular amylases by using *Chryseobacterium* and *Bacillus* isolates from organic kitchen wastes. Journal of Genetic Engineering and Biotechnology，2017，15：59-68.

[2] Sahnoun M，Kriaa M，Elgharbi F，et al. *Aspergillus oryzae* S2 alpha-amylase production under solid state fermentation：optimization of culture conditions. International Journal of Biological Macromolecules，2015，75：73-80.

[3] Bita Z，Shatabdi B，Mahmood M G，et al. Amylase production by *Preussia minima*，a fungus of endophytic origin：optimization of fermentation conditions and analysis of fungal secretome by LC-MS. BMC Microbiology，2014，14（55）：2-12.

[4] Adinarayana K，Kugen P，Suren S. Amylase production in solid state fermentation by the thermophilic fungus *Thermomyces lanuginosus*. Journal of Bioscience and Bioengineering，2005，100（2）：168-171.

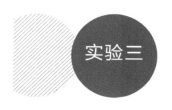

实验三 重组 β-葡萄糖苷酶比活力的测定

一、实验目的

1. 掌握从酵母细胞中提取重组 β-葡萄糖苷酶的方法。
2. 掌握比色法测定 β-葡萄糖苷酶比活力的原理和方法。

二、实验原理

β-葡萄糖苷酶（β-glucosidase，EC 3.2.1.21），又称 β-D-葡萄糖苷葡萄糖水解酶，别名龙胆二糖酶、纤维二糖酶（cellobiase，CB 或 β-G）和苦杏仁苷酶。它属于纤维素酶类，是纤维素分解酶系中的重要组成成分，能够水解结合于末端非还原性的 β-D-葡萄糖苷键，同时释放出 β-D-葡萄糖和相应的配基。

本实验通过比色法测定用酿酒酵母细胞表达的重组 β-葡萄糖苷酶的酶活力。β-葡萄糖苷酶能与纤维二糖类似物——对硝基苯-β-D-吡喃半乳糖苷（PNPG）发生反应，释放出对硝基苯酚（PNP）。对硝基苯酚在碱性条件下能够显色，通过测定该显色溶液在 410nm 下的光密度值，根据标准曲线即可计算出反应释放的对硝基苯酚的量，进而可以测定重组 β-葡萄糖苷酶的酶活力和比活力。酶活力国际单位规定为：在特定条件下，1min 内转化 1μmol 底物，或者底物中 1μmol 有关基团所需的酶量，称为一个酶活力国际单位（IU，又称 U）。酶的比活力（specific activity）是指每毫克的蛋白质中所含的某种酶的催化活力。酶的比活力是用来度量酶纯度的指标，是生产和酶学研究中经常使用的基本数据。

三、实验仪器、材料与试剂

1. 仪器

电子天平，可见光分光光度计，摇床，旋涡振荡器，恒温水浴锅，高速冷冻离心机，移液器（1000μL、200μL、10μL），容量瓶，1.5mL离心管。

2.材料

酿酒酵母菌。

3.试剂

（1）牛血清白蛋白标准溶液（1mg/mL）：称取牛血清白蛋白（BSA）50mg，用容量瓶定容至50mL。

（2）考马斯亮蓝溶液：称取100mg考马斯亮蓝G250溶于50mL 95％乙醇至完全溶解，然后加入100mL浓磷酸（85％）用蒸馏水定容至1L，再用4层滤纸的漏斗过滤到瓶中隔夜冷藏备用。

（3）蛋白破碎缓冲液：按照表4-1依次加入各试剂配制成100mL蛋白破碎缓冲液。

表 4-1　蛋白破碎缓冲液配方

成分	加入量	终浓度
Tris-HCl(pH 7.5)	1mol/L 浓缩液 5mL	50mmol/L
NaCl	0.8766g	150mmol/L
EDTA	0.0292g	1mmol/L
NP-40	10％浓缩液 10mL	1％
脱氧胆酸钠	0.25g	0.25％
NaF	100×浓缩液 1μL	10mmol/L
原矾酸钠	100×浓缩液 1μL	1mmol/L
甘油磷酸钠	100×浓缩液 1μL	10mmol/L
PMSF(使用时再加入)	100×浓缩液 1μL	1mmol/L
蛋白酶抑制剂(使用时再加入)	100×浓缩液 1μL	

　　注：称取 0.0419g NaF 溶解于1mL 去离子水中得到100×浓缩液,冷藏保存。称取 0.0184g 原矾酸钠溶解于1mL 去离子水中得到100×浓缩液。称取 0.3061g 甘油磷酸钠溶解于1mL 去离子水中得到100×浓缩液,冷藏保存。称取 0.0174g PMSF 溶解于1mL 无水乙醇中得到100×浓缩液。

（4）10mmol/L 对硝基苯酚（PNP）标准溶液：称取0.13911g PNP，用容量瓶定容至100mL。

（5）250mmol/L 醋酸钠缓冲液：称取2.05075g 醋酸钠，用容量瓶定容至100mL。使用冰醋酸调节 pH 至5.0。

（6）1mol/L 碳酸钠溶液：称取10.599g 碳酸钠，用容量瓶定容至100mL。

（7）10mmol/L PNPG 溶液：称取 0.3012g PNPG，用容量瓶定容至 100mL。

（8）YPD 培养基：配制每 100mL 液体培养基应加入蛋白胨 2g、酵母提取物 1g、单独灭菌的 40％葡萄糖贮存液 5mL（终浓度为 2％）。

四、实验步骤

（一）蛋白质标准曲线的绘制

（1）按表 4-2 配制不同浓度的标准蛋白质溶液。

表 4-2 标准蛋白质溶液配制

项目	样品编号							
	0	1	2	3	4	5	6	7
BSA 终浓度/(mg/mL)	0	0.03	0.04	0.05	0.06	0.07	0.08	0.09
BSA(1mg/mL)/μL	0	30	40	50	60	70	80	90
去离子水/μL	1000	970	960	950	940	930	920	910

（2）将样品与 5mL 考马斯亮蓝试剂混合，振荡 30s 后静置 5min。将 0 号样品作为空白对照测量 1～7 号样品混合物在 595nm 处的光密度值。

（3）以 BSA 终浓度为横坐标、595nm 处的光密度值为纵坐标，绘制蛋白质的标准曲线。

（二）活性蛋白的提取及蛋白浓度测定

（1）将酿酒酵母菌接种于 5mL YPD 液体培养基中，置于 30℃空气浴摇床 225r/min 培养过夜。

（2）用移液器取 1mL 酵母培养液放于 1.5mL 离心管中，于 0～4℃低温环境下 12000r/min 离心 30s。使用预冷的蒸馏水洗涤细胞两次，弃去上清。

（3）向 1.5mL 离心管中加入 0.5mL 冰冷的蛋白破碎缓冲液重悬菌体，再加入 200μL 酸洗玻璃珠。

（4）将离心管在旋涡振荡器（或细胞破碎仪上）上剧烈振荡 3～4min。（每振荡 30s 置于冰盒降温 30s）

（5）于 0～4℃低温环境下 13000r/min 离心 5min，上清液即为含有活性蛋白的溶液。

（6）取适量的活性蛋白溶液稀释至 1mL，与 5mL 考马斯亮蓝溶液振荡混匀 30s 后静置 5min，测定混合物在 595nm 处的光密度值。

（7）通过蛋白质标准曲线换算出溶液的蛋白浓度。

（三）对硝基苯酚（PNP）标准曲线的绘制

（1）按表 4-3 配制不同浓度的标准硝基苯酚（PNP）溶液。

表 4-3　标准硝基苯酚（PNP）溶液的配制

项目	样品编号					
	0	1	2	3	4	5
PNP 终浓度/(mmol/L)	0	0.4	0.8	1.2	1.6	2
10mmol/L PNP 标准溶液/μL	0	40	80	120	160	200
去离子水/μL	1000	960	920	880	740	800

（2）在 1.5mL 的干净离心管中依次加入表 4-4 中的各成分，混合均匀，每个样品做 3 个平行。将 0 号样品作为空白对照测定 1～5 号样品在 410nm 处的光密度值。

表 4-4　绘制硝基苯酚（PNP）标准曲线的反应物配制

项目	样品编号					
	0	1	2	3	4	5
PNP 标准溶液/μL	0	300	300	300	300	300
去离子水/μL	400	100	100	100	100	100
250mmol/L 醋酸钠缓冲液/μL	100	100	100	100	100	100
1mol/L 碳酸钠/μL	500	500	500	500	500	500

（3）以 PNP 终浓度为横坐标、三个样品的平均 410nm 光密度值为纵坐标，绘制 PNP 标准曲线。

（四）重组 β-葡萄糖苷酶比活力的测定

（1）向 1.5mL 离心管中加入 100μL 250mmol/L 醋酸钠缓冲液和 250μL 10mmol/L 的 PNPG 底物，于 50℃恒温水浴锅反应 5min。

（2）加入 150μL 粗酶液（应适当稀释），于 50℃恒温水浴锅反应 10min。

（3）迅速加入 500μL 1mol/L 碳酸钠溶液终止反应，静置测定体系 5min。

（4）13000r/min 离心 30s，吸取上清液，测定 410nm 处样品的光密度值。

（5）通过 PNP 标准曲线和测得的样品蛋白质浓度计算得到 β-葡萄糖苷酶的比活力。

酶比活力定义：每毫克的酶蛋白在单位时间内（1min）产生 1μmol 对硝基苯酚（PNP）为一个单位（U/mg）。

$$酶比活力 = \frac{V_总 \times c_{PNP} \times 1000}{t \times V \times c_{蛋白}}\tag{4-1}$$

式中，$V_总$——反应总体积，mL；

$\quad c_{PNP}$——计算得到的样品中 PNP 浓度，mmol/L；

$\quad\quad t$——反应用时，min；

$\quad\quad V$——稀释一定倍数的粗酶液加入量，μL；

$\quad c_{蛋白}$——计算得到的样品中的蛋白质浓度，mg/mL。

五、实验数据和讨论

1. 蛋白质标准曲线绘制（表 4-5）

表 4-5　标准蛋白质溶液光密度值

样品编号	0	1	2	3	4	5	6	7
OD_{595}								

标准曲线为：

样品蛋白 $OD_{595} =$ 　　　　　　　$c_{蛋白} =$

2. PNP 标准曲线绘制（表 4-6）

表 4-6　PNP 标准曲线绘制

样品编号	0	1	2	3	4	5
第一组 OD_{410}						
第二组 OD_{410}						
第三组 OD_{410}						
平均 OD_{410}						

标准曲线为：

3.计算重组 β-葡萄糖苷酶的比活力

反应混合物 $OD_{410}=$ 反应混合物 PNP 浓度：

β-葡萄糖苷酶的比活力＝

六、思考题

1.为何蛋白质的提取过程中要全程保持在较低温度？

2.什么因素会影响到重组 β-葡萄糖苷酶的酶活力？如何进一步提高酶活力？

参 考 文 献

[1] Matsuura R，Kishida M，Konishi R，et al. Metabolic engineering to improve 1，5-diaminopentane production from cellobiose using β-glucosidase-secreting *Corynebacterium glutamicum*. Biotechnol Bioeng，2019，116（10）：2640-2651.

[2] Xia Y，Yang，L，Xia L. High-level production of a fungal β-glucosidase with application potentials in the cost-effective production of *Trichoderma reesei* cellulase. Process Biochemistry，2018，70：55-60.

[3] Yao G，Wu R，Kan Q，et al. Production of a high-efficiency cellulase complex via beta-glucosidase engineering in *Penicillium oxalicum*. Biotechnology for Biofuels，2016，31（9）：78-88.

[4] Yang J K，Zhang J J，Yu H Y，et al. Community composition and cellulase activity of cellulolytic bacteria from forest soils planted with broad-leaved deciduous and evergreen trees. Applied Microbiology and Biotechnology，2014，98（3）：1449-1458.

[5] 奥斯伯，布伦特，金斯顿，等.精编分子生物学实验指南：第 5 版.金由辛，包慧中，赵丽云，等主译.北京：科学出版社，2008.

实验四 / 脂肪酶的固定化及其酶活力测定

一、实验目的

1. 制备固定化脂肪酶。
2. 测定固定化脂肪酶的酶活力。

二、实验原理

　　脂肪酶是一类能催化水解、酯化、转酯化、多肽合成等反应的酶。它广泛存在于动植物的各种组织及许多微生物中，具有种类多、周期短、特异性高、不依赖辅酶、催化条件温和、能耗低、副产物少等特点，有利于工业化大规模生产，在基础理论研究和实际应用中都具有重大价值。在众多脂肪酶中，南极假丝酵母脂肪酶 B（*Candida antarctica* lipase B，CALB）的用途最为广泛，它对非水溶性和水溶性物质都有很强的催化活性。但是游离酶不易回收，难与产物分离，不能循环再利用，对强酸、强碱等稳定性较差，限制了其大规模应用。由此诞生的酶的固定化技术，是指通过物化手段，将酶束缚在水不溶性的载体上，或将酶限制在一定的空间内，限制分子的运动，允许酶发挥其催化功能的技术。酶的固定化方法多种多样，主要包括吸附法（物理吸附和离子交换）、共价法、交联法及包埋法四大类。

　　本实验利用离子交换法制备固定化脂肪酶。离子交换法就是酶通过离子键结合于具有离子交换基的不溶性载体的固定化方法。常用的载体有：葡聚糖凝胶、离子交换树脂、纤维素等，本实验选用离子交换树脂为载体。该固定化方法操作简便，处理条件温和，酶的高级结构和活性中心的氨基酸残基不易被破坏，酶活力回收率高，可反复连续生产，对稀酶有浓缩作用，载体可再生使用。但也有其缺点：载体和酶的结合力弱，容易受缓冲液种类或 pH 的影响，在高离子强度下进行反应时，酶易从载体上脱落等。

　　本实验采用比色法测定固定化脂肪酶的酶活力。

三、实验仪器、材料与试剂

1. 仪器

电子天平、恒温水浴摇床、微型旋涡混合仪、电热恒温水浴锅、紫外可见分光光度计、滤膜、比色皿、10mL 离心管。

2. 材料

离子交换树脂。

3. 试剂

（1）脂肪酶。

（2）5% HCl。

（3）4% NaOH。

（4）PBS 缓冲液：0.1mol/L，pH7.0。

（5）5mg/mL 的 4-硝基苯基棕榈酸酯（PNPP）。

四、实验步骤

1. 离子交换树脂的预处理

将离子交换树脂用去离子水洗至清水后，用 5% 的 HCl 浸泡 4～8h，再用去离子水洗至中性；然后用 2%～4% 的 NaOH 浸泡 4～8h，用去离子水洗至中性，待用。

2. 脂肪酶的固定化

将 3mL 脂肪酶液倒入 10mL 离心管中，加入 1g 预处理的离子交换树脂，再加入 3mL PBS 缓冲溶液（0.1mol/L，pH7.0），轻轻搅拌。将离心管放入恒温水浴摇床，室温下 200r/min，振荡 60min，进行脂肪酶的固定化。反应结束后倒掉上清液，用 PBS 溶液清洗固定化脂肪酶（每次 5mL，洗 3 次）。

3. 固定化脂肪酶的酶活力测定

将制备好的固定化脂肪酶溶解于 3mL PBS 缓冲溶液中，再加入 200μL 5mg/mL 的 4-硝基苯基棕榈酸酯，室温下振荡 30s，在水浴锅中反应 2min，然后将其上清液通过滤膜注入比色皿中，利用分光光度计在 410nm 处测量其光密度。根据上清液中对硝基苯酚（PNP）的浓度，计算固定化脂肪酶的酶活力（图 4-3）。

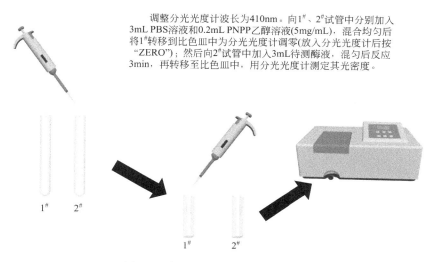

调整分光光度计波长为410nm。向1#、2#试管中分别加入3mL PBS溶液和0.2mL PNPP乙醇溶液(5mg/mL)，混合均匀后将1#转移到比色皿中为分光光度计调零(放入分光光度计后按"ZERO")；然后向2#试管中加入3mL待测酶液，混匀后反应3min，再转移至比色皿中，用分光光度计测定其光密度。

图 4-3 脂肪酶的酶活力测定示意图

4. 酶活力的定义

酶活力：单位时间内（1min）催化生成 $1\mu mol$ 对硝基苯酚所需的酶用量，定义为一个酶活力单位（U）。

比酶活：酶催化反应的实际催化活力，表示为 U/g。

$$OD = 15000 \times c \times L \tag{4-2}$$

式中　OD——光密度；

　　　c——对硝基苯酚的浓度，mol/L；

　　　L——比色皿的厚度，cm。

$$U = \frac{c \times V}{t \times m} \tag{4-3}$$

式中　U——比酶活，U/g；

　　　c——对硝基苯酚的浓度，mol/L；

　　　V——反应体系的体积，L；

　　　t——反应时间，min。

五、实验数据与讨论

计算固定化脂肪酶的比酶活。

六、思考题

1. 如何提高固定化脂肪酶的酶活力回收率？
2. 你对本实验有何改进性建议？

参考文献

[1] 钱明华，张继福，张云，等.大孔树脂吸附-交联法固定脂肪酶.华南农业大学学报，2019，2：103-110.

[2] 毕春元，任婷月，张金玲，等.离子交换树脂共固定葡萄糖氧化酶-过氧化氢酶.食品与发酵工业，2015，7：13-1.

[3] 虞英，蒋惠亮.离子交换树脂吸附法固定化脂肪酶的研究.食品与生物技术学报，2007，4：97-100.

脂肪酶交联酶聚集体的制备及活性检测

一、实验目的

1.掌握交联酶聚集体的制备原理和方法。
2.掌握测定酶活力的原理和方法。

二、实验原理

交联酶聚集体（CLEA）是一类新型的固定化酶技术，具有制备简单、酶活力回收率高、操作和保存稳定性强等优点，已经成为酶固定化领域的研究热点。脂肪酶（lipase，EC3.1.1.3）是一类重要的酰基水解酶，常用来催化酯的水解或醇解、酯合成及酯交换反应，还可催化高聚物和多肽的合成以及手性化合物的拆分等。由于其催化活性高、专一性好、反应条件温和、低能耗、无污染，已被广泛应用于医药化妆品、清洁剂、食品工业、油脂生产、皮革纸制造业及环境治理等很多领域。

交联酶聚集体的制备一般分为三步：酶聚集体的形成、酶聚集体的交联和交联酶聚集体的分离。

1. 酶聚集体的形成

向未经高度纯化的蛋白质水溶液中加入中性盐、水溶性有机溶剂、非离子聚合物、聚电解质、多价金属离子等，通过改变酶分子的水合状态或改变溶液的介电常数，能够诱导蛋白质分子发生物理聚集，从溶液中沉淀出来。聚集体中酶分子之间通过非共价键形成超分子结构，不会破坏酶分子原有的三维结构，但该结构在水溶液介质中会瓦解。不同的沉淀剂对不同酶的沉淀效果差异显著，较高的聚集体酶活力保留率是进行交联步骤的前提，因此选择合适的沉淀剂种类及浓度至关重要。

2. 酶聚集体的交联

聚集体的交联是利用双功能试剂对酶的物理聚集体进行交联，以提高聚集体各方面的稳定性，并将酶聚集体形成的超分子结构及活性保持下来。通常通过戊二醛和酶表面氨基之间的反应，对形成的酶聚集体进行交联。交联反应使得形成的交联酶聚集体在水溶液中也能保持固体状态，避免了聚集体结构的瓦解。

3. 交联酶聚集体的分离

制备好的交联酶聚集体可以通过离心或者过滤进行固液分离。经过多次洗涤，除去残留的试剂和未交联的酶分子，得到的交联酶聚集体可以冻干或悬浮在缓冲溶液中 4℃ 保存。

本实验将 CLEA 技术用于脂肪酶的固定化，预期会显著提高酶活力回收率，降低用酶成本，具有重要的理论意义和广泛的实践意义。采用乙醇、饱和硫酸铵作沉淀剂使脂肪酶分子沉淀并聚集后，再用戊二醛交联，获得一种新型的固定化脂肪酶聚集体。

三、实验仪器、材料和试剂

1. 仪器

电子天平、离心机、电热恒温水浴锅、紫外-可见分光光度计、振荡器、pH 计，1L 烧杯、500mL 容量瓶、10mL 离心管。

2. 材料

脂肪酶。

3. 试剂

（1）PBS 缓冲液：0.1mol/L，pH7.0。

（2）25% 戊二醛溶液。

（3）0.25mol/L Na_2CO_3。

（4）5mg/mL 对硝基苯基棕榈酸酯。

（5）饱和硫酸铵溶液。

四、实验步骤

1. 配制磷酸盐缓冲溶液（PBS 缓冲溶液）

准确称量 $Na_2HPO_4 \cdot 12H_2O$ 17.95g 于烧杯中溶解，如不好溶，可水浴加热促溶，冷却后，倒入 500mL 的容量瓶，定容，得到 0.1mol/L 的

Na_2HPO_4 溶液。

准确称量 $NaH_2PO_4 \cdot 2H_2O$ 7.80g 于烧杯中溶解，如不好溶，可水浴加热促溶，冷却后，倒入 500mL 的容量瓶，定容，得到 0.1mol/L 的 NaH_2PO_4 溶液。

取 Na_2HPO_4 溶液 94.7mL 与 NaH_2PO_4 溶液 5.3mL 混合，得到大约 pH7.0 的缓冲溶液，用 pH 计准确调整到 pH7.0。

2. 配制 25% 的戊二醛溶液

取 1mL 50% 戊二醛、1mL PBS 缓冲液，混匀，得到 25% 戊二醛溶液。

3. 配制 0.25mol/L Na_2CO_3 溶液

称取 2.65g Na_2CO_3 溶于 100mL 蒸馏水中，完全溶解。

4. 配制 5mg/mL 的对硝基苯基棕榈酸酯

称取 0.05g 对硝基苯基棕榈酸酯溶于 10mL 无水乙醇中，加热溶解。

5. 交联酶聚集体的制备

利用 pH7.0 的磷酸缓冲液配制 40mg/mL 的酶原液 10mL，（可加入 50mg/mL 的蛋清作为氨基供体，保护酶活力）作为交联酶液。

取 1mL 酶液于 10mL 离心管中，向其加入 5mL 饱和硫酸铵溶液作为沉淀剂，4℃ 下搅拌沉淀 10min，使其充分沉淀，得到酶聚集体；再加入 240μL 250g/L 的戊二醛溶液，交联 2h，离心，弃上清液，用 pH7.0 缓冲溶液洗涤 2~3 次，得到 CLEA，备用。

6. 酶活力检测方法

将制备的交联酶聚集体重新溶解于 5mL pH7.0 的缓冲溶液中，在 37℃ 水浴锅中预热 30min（10min），加入 100μL（50μL）5mg/mL 的对硝基苯棕榈酸酯，振荡反应 1min 后，取 1mL 反应物加入 3mL 0.25mol/L 的 Na_2CO_3 中终止，10000r/min 离心 5min 后，过滤，使用紫外-可见分光光度计 410nm 下测定其光密度值。

游离酶溶液稀释 40 倍后，以相同方法测定其活性。

7. 酶活力定义

绝对酶活力：单位时间内（1min）催化生成 1μmol 对硝基苯酚所需的酶量定义为 1U，即一个单位活性。

$$OD = 15000 \times c \times L \tag{4-4}$$

式中　OD——光密度；

c——对硝基苯酚浓度，mol/L；

L——比色皿厚度，cm。

酶活力回收率：交联酶聚集体的绝对酶活力和游离酶绝对酶活力比值，为酶活力回收率。

五、实验数据和讨论

计算固定化酶的绝对酶活力和酶活力回收率。

六、思考题

1. 如何提高脂肪酶 CLEA 的酶活力回收率？
2. 你对本实验有何改进性建议？

参 考 文 献

[1] 农嘉仪，李敏英，叶剑威，等.交联酶聚集体法制备单宁酶及固定化酶性质研究.食品与机械，2012，28（1）：154-158.

[2] 姜艳军，王旗，王温琴，等.交联酶聚集体与仿生硅化技术结合制备固定化脂肪酶.催化学报，2012，33（5）：857-862.

[3] 陈海龙，田耀旗，李丹，等.脂肪酶交联聚集体的制备及其催化合成月桂酸淀粉酯的研究.食品与发酵工业，2017，43（2）：21-25.

第五章

生物活性物质的
分离及鉴定

教学目标

◙ 1. 掌握 HPLC 法测定目标产物的原理和方法。

◙ 2. 掌握等电点沉淀法分离溶液中生物活性物质的原理和方法。

◙ 3. 掌握运用多元萃取体系提取生物活性物质的原理和方法。

◙ 4. 掌握超临界萃取生物活性物质的原理和方法。

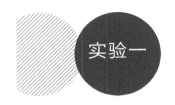

HPLC 法测定发酵液中葡萄糖和乙醇含量

一、实验目的

1. 了解发酵液样品上色谱前的处理方法。
2. 掌握高效液相色谱仪的基本构造、基本操作和色谱柱的选择方法。
3. 掌握 HPLC 法分析化合物的原理及基本过程。

二、实验原理

高效液相色谱（HPLC）法是以高压下的液体为流动相，并采用颗粒极细的高效固定相的柱色谱分离技术。它对样品的适用性广，不受分析对象挥发性和热稳定性的限制。

1. 高效液相色谱分析的流程

储液瓶中的流动相由泵吸入色谱系统，经流量和压力测量之后，进入进样器。待测样品由进样器注入，并随流动相通过色谱柱，在色谱柱上进行分离后进入检测器，检测信号由数据处理设备采集与处理，并记录色谱图。废液流入废液瓶。

2. 高效液相色谱的分离过程

高效液相色谱的分离过程是溶质在固定相和流动相之间进行连续多次交换的过程。它借助溶质在两相间分配系数、亲和力、吸附力或分子大小不同而引起的排阻作用的差别使不同溶质得以分离。通过改变高效液相色谱流动相的极性和流速，可使待测样品中各组分在最佳条件下得以分离。分离复杂的混合物（极性范围比较宽）还可用梯度控制器作梯度洗脱。

本实验采用 Aminex HPX-87H 糖分析柱（300mm × 7.8mm 氢型柱）（Bio-Rad 公司）分析发酵液中葡萄糖和乙醇的含量。Aminex HPX-87H 糖分析柱由聚苯乙烯二乙烯苯树脂填装而成，通过离子调节分配色谱技术分离混合物。Aminex HPX-87H 糖分析柱采用尺寸排阻和配体交换机制组合来分离化合物：在寡糖分离中，尺寸排阻是主要机制。Aminex HPX-87H 糖分析柱中低交联度的树脂允许糖的透过，并且按照寡糖的尺寸大小进行分离。在单糖分离中，配基交换是主要机制，涉及树脂的固定抗衡离子与糖的羟基的结合。配基交换受抗衡离子（Pb^{2+}、Ca^{2+} 等）的性质和糖的羟基的空间定向的影响。Aminex 柱允许使用简单的等度法，可采用水或稀酸进行洗脱。样品制备工作较少，通常只需用孔径 0.45μm 的过滤器进行过滤，无须进行衍生化。Aminex HPX-87H 糖分析柱可用于含有醇类、酮类、羧酸、短链脂肪酸、挥发性脂肪酸以及许多中性新陈代谢副产物溶液中碳水化合物的分析。Aminex HPX-87H 糖分析柱最常用于有机酸分析，此柱还可用于生物流体分析、发酵监测和乙酰氨基糖的分析。

三、实验仪器、材料和试剂

1. 仪器

（1）Waters Alliance 2695 高效液相色谱仪。

① 主机 Waters Alliance 2695 高效液相色谱仪基本构造：溶剂输送系统（串联泵）；进样系统；柱温箱；检测器。

② 操作控制系统 DELL 计算机；Waters 2695 Empower 色谱管理器软件。

③ 打印机 HP LaserJet 1008 激光打印机。

④ 色谱柱。

（2）其他 1.5mL 离心管、5mL 离心管、离心机、孔径 0.22μm 的滤膜（有机相）、孔径 0.45μm 的纤维素滤膜和滤器。

2. 材料

发酵液。

3. 试剂

超纯去离子水、5mmol/L H_2SO_4。

四、实验步骤

（一）样品的制备

将待测发酵液样室温下 13000r/min 离心 10min，用移液器将上层清液转移至另一干净的离心管中。取 300μL 上清液，用 5mmol/L H_2SO_4 稀释 10

倍，混匀，并通过孔径 0.22μm 的滤膜（有机相）过滤后，装入样品瓶中备用。

（二）色谱操作条件

本实验使用 Waters 2695 高效液相色谱系统，BioRad 公司的 Aminex HPX-87 糖分析柱（300mm×7.8mm），以及 Waters 示差折光检测器 2410 对发酵液中组分进行定量分析。流动相为 5mmol/L H_2SO_4，流速为 0.4mL/min，柱温 45℃。配制流动相时要使用超纯去离子水，配好后用孔径 0.45μm 的纤维素滤膜过滤，再用超声波处理 30min 除去流动相中的气体分子。

（三）色谱系统开机调试

1. 系统开机准备

①接通电源；②打开电源，预热相关的检测器；③打开高效液相色谱仪主机的电源；④启动计算机。

2. 操作步骤

（1）运行色谱管理软件 Empower，登录用户。

（2）在色谱管理软件 Empower 窗口进行检测方法和测量参数设定，如梯度法或者自行设定检测方法、流动相的组分及比例、测定波长、洗脱时间等。

（3）输入样品名称、注释及操作者姓名。

（4）将空白样品分别放入参比池和样品池，校准用户基线。

（5）将样品放入样品池，开始测量。

（6）打开数据处理页面，进行数据处理。

（7）保存数据。

（8）检测下一个样品。

（四）标准曲线的测定

将乙醇和葡萄糖标准品用容量瓶配制成一系列特定浓度的标准溶液（注：配制时要用 5mmol/L H_2SO_4 作为溶剂）。将每个浓度的标准品分别单独进样以确定每个标准品的出峰时间。将每个标准品进样 20μL，用标准品浓度对峰面积作图，绘制标准品的标准曲线（注：标准曲线的制作可由色谱管理软件 Empower 自动处理）。若标准品在色谱操作条件下可有效分离，并达到较好的线性关系，即可进行待测样品的测定。

（五）样品的测定

将样品瓶准备好后，放入色谱自动进样器的自动进样托盘中。使用色谱管理软件 Empower 编辑自动进样程序。将所需流动相准备好，基线稳定后开始进样。样品进样结束后，使用 Empower 软件根据已作好的标准曲线对色谱图进行定量处理，确定出待测样品的组分和浓度。

（六）关机

待所有样品测定结束，基线稳定后，按顺序关闭色谱系统。

五、实验数据和讨论

（1）绘制葡萄糖和乙醇标准曲线。

（2）记录各样品葡萄糖和乙醇的出峰时间和峰面积，并计算各样品中的葡萄糖含量和乙醇含量。

【注意事项】

1. 严格按照 Waters Alliance 2695 操作手册操作，并对仪器进行相应维护。

2. 要严格按照操作规程对流动相和样品进行过滤和超声处理，以防堵塞色谱柱系统。

3. 色谱系统开机期间不要脱岗，一旦发现问题，要及时处理。

六、思考题

1. 为什么要等基线平稳后才能测定样品？

2. 样品和流动相处理要注意哪些事项？

参 考 文 献

［1］Liu J J，Ding W T，Zhang G C，et al. Improving ethanol fermentation performance of *Saccharomyces cerevisiae* in very high-gravity fermentation through chemical mutagenesis and meiotic recombination. Appl Microbiol Biotechnol，2011，91：1239-1246.

［2］丁文涛. 提高酿酒酵母浓醪发酵乙醇产量的研究：［学位论文］. 天津：天津大学，2013.

实验二 / 等电点沉淀法分离
维生素 B₂

一、实验目的

1. 掌握等电点沉淀法分离溶液中维生素 B₂ 的原理和技术方法。

2. 分析等电点沉淀法分离溶液中维生素 B₂ 的影响因素和变化规律。

3. 观察分离过程中维生素 B₂ 的晶体形态，熟悉等电点沉降法分离发酵液中生化产品的工艺和操作，掌握水溶液中维生素 B₂ 浓度的荧光法测定和荧光分光光度计的使用。

二、实验原理

等电点沉淀法是利用生物物质在 pH 等于其等电点的溶液中溶解度降低的原理进行沉淀分离的方法。在生物分离过程中，等电点沉淀法分离发酵中的生化产物是重要的单元操作之一，有的产品直接通过等电点沉淀法生产，有的产品通过等电点沉淀法生产粗品，然后通过其他分离方法纯化。

1. 等电点沉淀法和维生素 B₂ 的特性

等电点沉淀法是利用生物物质在 pH 值等于其等电点的溶液中溶解度下降的原理进行沉淀分离的方法。

维生素 B₂ 的溶解度受溶液的 pH 影响很大，在碱性条件下维生素 B₂ 的溶解度大，在酸性条件下则较小，在中性溶液中最小。但在碱性条件下维生素 B₂ 会发生不可逆反应，从而造成损失，维生素 B₂ 主要以针状晶体形式存在。

2. 影响等电点沉淀法分离溶液中维生素 B₂ 的主要因素和规律

（1）pH　pH 对维生素 B₂ 的溶解度影响十分显著，特别是在 pH 达到 11.0 以后，pH 的很小变化便可使维生素 B₂ 的溶解度产生很大变化。pH 越高，维生素 B₂ 的分解损失越大。

（2）温度　随着温度的升高，溶液中维生素 B₂ 的溶解度增加，但同时

维生素 B_2 分解损失迅速增加。

（3）溶液中维生素 B_2 浓度　溶液中维生素 B_2 浓度越大，结晶速度越快，其分解损失越小。

（4）光　光是引起溶液中维生素 B_2 分解损失的重要因素，所以分离过程中避光是防止维生素 B_2 分解损失的必要条件。

（5）时间　分离过程中 pH 越高，分离时间越长，溶液中维生素 B_2 分解损失越大。

3. 测定维生素 B_2 的方法

溶液中维生素 B_2 浓度的主要测定方法主要包括：①荧光光度法；②分光光度计法；③液相色谱法；④光黄素法。

本实验采用荧光光度计法，此方法是由维生素 B_2 溶液在 434nm 的激发波长、535nm 的发射波长处产生最大荧光强度，且荧光强度与维生素 B_2 的浓度相关。绘制荧光强度与维生素 B_2 浓度的标准曲线，通过荧光强度与浓度曲线可计算出待测样品中维生素 B_2 的浓度。

三、实验仪器和试剂

1. 仪器

荧光光度计，电子天平，pH 计，离心机，锥形瓶（100mL），离心管（10mL）。

2. 试剂

维生素 B_2、NaOH、盐酸。

四、实验步骤

1. 荧光光度计的操作

（1）使用本仪器前，应了解本仪器的结构与工作原理，清楚各个操作旋钮的功能。

（2）打开主机电源开关，打开主机氙灯开关（按开关 3s，严禁超过 5s）预热 30min 使用。

（3）打开监视器，打开计算机开关。

（4）启动"FL solution"程序。

（5）打开比色室，在比色池架上放上装有样品的比色池，关闭比色室。

（6）建立分析方法，选择使用功能，输入波长等参数。

（7）建立标准样品名称和浓度。

（8）进行预扫描。

（9）等待预扫描完毕，显示"reading"，开始测量。

（10）选择合适的数据二次处理方法，进行数据二次处理。

（11）实验结束，关闭"FL solution"程序，关闭计算机，关闭主机电源开关。

2. 测绘标准曲线

测绘维生素 B_2 荧光强度与浓度的标准曲线

3. 测绘维生素 B_2 溶液 pH 与溶解度标准曲线

取 8 个锥形瓶，加入蒸馏水，调节 pH 至 12、11、10、8、7、6、5、3，加入过量的维生素 B_2，直至浑浊。取上清液至 10mL 离心管中，保证几个离心管重量相同，5000r/min 离心 10min，取离心管上清液，测其荧光强度（pH12 的上清液需稀释 1000 倍，其他 pH 稀释 200 倍），通过荧光强度与浓度曲线找出维生素 B_2 溶液浓度，然后乘以稀释倍数，确定对应的维生素 B_2 溶液浓度，作出维生素 B_2 溶液 pH 与其溶解度曲线，确定维生素 B_2 的等电点。

五、实验数据及讨论

以表格的形式记录维生素 B_2 溶解度实验数据和计算结果；以 pH 值为横坐标、以维生素 B_2 溶解度为纵坐标绘制维生素 B_2 水溶液溶解度随 pH 变化曲线，确定维生素 B_2 的等电点。

六、思考题

1. 确定合适的等电点沉淀法分离维生素 B_2 的工艺。

2. 为提高等电点沉淀法分离维生素 B_2 的产物浓度，在从发酵结束到最后出产品应注意哪些分离单元操作？

3. 维生素 B_2 为什么能用荧光光度计法测其浓度？再举几例生化产品能用荧光光度计法测其浓度。

参 考 文 献

［1］陈静廷，卜登攀，马露，等.不同等电点沉淀法和超速离心法提取牛奶乳清蛋白的双向电泳分析.食品科学，2014，35（20）：180-184.

［2］杨丽英，李晓顾，杨世波.乳制品中维生素 B_2 的快速测定方法.工程技术，2017，10（28）：85-87.

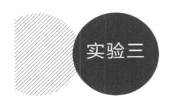

实验三 / 多元萃取体系萃取发酵液中林可霉素

一、实验目的

1. 掌握多元萃取体系萃取生物活性物质的萃取和反萃取过程的机理和方法。

2. 进一步了解 pH 对生物萃取体系的萃取分配系数的影响及规律。

3. 通过了解用 Y-参比法测定发酵液中林可霉素的含量，掌握显色反应监测生物产品浓度的方法。

二、实验原理

1. 萃取原理

利用不同的溶质在两相中的分配平衡的差异实现萃取分离。分配定律是萃取的理论基础，即在恒温恒压下，溶质在互不相容的两相中达到分配平衡时，如果其在两相中的分子量相等，则在两相的浓度之比为一常数 K，称为分配常数（$K = C_0/C_A$）。但是在实际操作中我们测量的是分配系数，即两相中溶质的总浓度之比 $D = C_{0,t}/C_{A,t}$。对于许多生物物质，由于是弱电解质，水相 pH 对弱电解质分配系数具有显著的影响，从而确定萃取和反萃取的 pH 和其他操作参数。

2. Y-参比法测定林可霉素浓度的原理

林可霉素与 $PdCl_2$ 在酸性条件下可以形成有色的配合物，而发酵液中除林可霉素外其他组分不与 $PdCl_2$ 形成配合物，有色的配合物林可霉素的浓度增大颜色加深，最佳测定波长为 380nm，配合反应时间为 30min，浓度为 0.02mol/L 的显色剂最佳用量为 0.5mL，林可霉素浓度在 $20\sim300\mu g/mL$ 范围内光密度 OD 与林可霉素浓度 C 有线性关系：

$$OD = k \times C + b \tag{5-1}$$

式中　OD——林可霉素光密度；

C——林可霉素浓度，$\mu g/mL$。

因此，可以用分光光度法定量测定发酵液中林可霉素的浓度。

三、实验仪器和试剂

1. 仪器

水浴振荡器，5100BPC 型紫外分光光度计，pH 计，移液器，锥形瓶，离心管（10mL、15mL），容量瓶。

2. 试剂

氯化钯、林可霉素、盐酸、正丁醇。

四、实验步骤

（一） 5100 BPC 型紫外分光光度计的操作

1. 开启和自检

（1）仪器开启　用电源线连接上电源，打开仪器开关（位于仪器的后右侧），仪器开机后进入系统自检过程。

（2）系统自检　在自检状态，仪器会自动对滤光片、灯源切换、检测器、氘灯、钨灯、波长校正、系统参数和暗电流进行检测。

注：如果某一项自检出错，仪器会自动鸣叫报警，同时显示错误项，用户可按任意键跳过，继续自检下一项。

（3）系统预热　仪器开机后，因电器件需要预热一定的时间后方可达到稳定状态；另外氘灯周围环境也需要一定时间方能达到热平衡，所以仪器需要预热约 20min 后，方可正常使用。

自检结果后，仪器进入预热状态，预热时间为 20min，预热结束后仪器会自动检测暗电流一次。预热时可以按任意键跳过。

（4）进入系统主菜单　仪器自检结束后进入主界面。按"MODE"键可以在 T、A、C、F 间自由转换，分别实验透过率测试、光密度测试、标准曲线和系统法等功能。

2. 透过率测试

在此功能下，可进行固定波长下的透过率测试，也可以将测量结果打印输出。

（1）设定工作波长

在系统主界面下，系统的默认功能项为透过率测试，此时直接按"GOTOλ"键可以进入波长设定界面，用上下键来改变波长值，每按一次该键则屏幕上的波长值会相应增加或减少0.1nm，按"ENTER"键确认。

提示：可以长按此二键，则数字会快速变化，直至所需的波长值为止，按"ENTER"键确认。波长设定完成后自动返回上级界面。

（2）按"ZERO"键对当前工作波长下的空白样品进行调100.0%T。

注意：在调100.0%T之前记得将空白样品拉（推）入光路中，否则调100.0%T的结果不是空白液的100.0%T，使得测量结果不正确。

（3）进行测量　当调100.0%T完成后，把待测样品拉（推）入光路中，按"ENTER"键进入测量界面（若已经在测量界面下，则无须此项操作，直接进行后面的操作即可），按"ENTER"键即可在当前工作波长下对样品进行透过率的测量。

每按下一次"ENTER"键，系统会自动将当时所显示的数值记录到数据存储区，但当查看时，液晶显示屏的每一屏只可显示5行数据，其余数据可通过按上下键进行翻页显示。

（4）数据打印与清除　数据存储区最多可存储200组数据。如果要打印或消除已测量数据，可在测量结果显示界面下，按"PRINT/CLEAR"键，进入打印或删除界面，用上下键选择对应的操作即可。按"ESC"键退出该界面。

（二）萃取操作及检测

1. 标准曲线制作

分别取1mL 1.0g/L、0.8g/L、0.6g/L、0.4g/L、0.2g/L、0.1g/L林可霉素溶液，加入0.5mL $PdCl_2$，定容至5mL，配合反应30min，在波长380nm下测定光密度，并绘制林可霉素浓度标准曲线。

2. 萃取

锥形瓶中倒入一定量的林可霉素溶液，分别调pH2、3、4、5、8、9、10、11，取出10mL放入离心管中，并加入20mL正丁醇，水浴振荡30min，离心2500r/min，3min，分相。

3. 检测

用移液器从分层的水相取1mL，分别加入0.5mL $PdCl_2$，以1.0mol/L

盐酸定容于 5mL，络合 30min，用 5100BPC 型紫外分光光度计在 380nm 下测定其光密度。

参比：显色剂 0.5mL，1mol/L HCl 定容至 5mL。

五、实验数据及计算

以表格的形式记录萃取分配系数实验数据和计算结果；以 pH 为横坐标、分配系数为纵坐标，绘制 pH 对林可霉素分配系数影响的曲线。

六、思考题

1.萃取操作中分配常数 K 和分配系数 D 有何区别？

2.解释 pH 对林可霉素分配系数影响的规律及机理。

3.在实验过程中可以用别的方法测定林可霉素的浓度吗？请提出几种测定方法。

参 考 文 献

[1] 谭平华，林金清，肖春妹，等.双水相萃取技术研究进展及应用.化工生产与技术，2003，10（1）：19-23.

[2] 冯学忠，吴广辉，方炳虎，等.盐酸林可霉素紫外分光光度测定方法的建立.动物医学进展，2009，30（12）：60-63.

实验四 / 超临界萃取青蒿素和 HPLC 鉴定

一、实验目的

1. 了解青蒿素的化学结构式及分离现状。
2. 学习超临界 CO_2 萃取法从黄花蒿中分离青蒿素的基本操作。
3. 掌握高效液相色谱（HPLC）测定青蒿素含量的方法。

二、实验原理

青蒿素（artemisinin，QHS）是一种含过氧桥的倍半萜内酯，其化学结构式如图 5-1 所示。青蒿素具有抗疟、抗菌、解热等药理活性，由于其独特的抗疟药性以及复方蒿甲醚药效显著且不易产生耐药性，2004 年被世界卫生组织（WHO）列入基本药物名单。近年来的研究发现，青蒿素在抗肿瘤、治疗肺动脉高压、抗糖尿病、胚胎毒性、抗真菌、免疫调节等方面也具有较好的疗效。中国研究者于 20 世纪 70 年代首次从黄花蒿（*Artemisia annua* L.）中分离出青蒿素。传统的青蒿素提取采用有机溶剂（如汽油和稀醇溶液），需经多次萃取浓缩，能耗大、时间长、成本高，而且有机溶剂对青蒿素的溶解选择性差，致使提取物杂质（蜡状物）含量高，青蒿素精制步骤多、难度大。

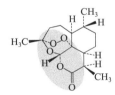

图 5-1　青蒿素的化学结构式

超临界 CO_2 萃取是基于 CO_2 流体在超临界状态下对某些物质具有独特增强的溶解度效应而建立起来的一种新型分离技术。在超临界状态下，将超临界 CO_2 与待分离的物质接触，使其一次选择性地把极性大小、分子量大小、沸点高低不同的成分萃取出来。超临界 CO_2 的介电常数和密度随密闭体系压力的增加而增加，升高程序的压力可以将不同极性的成分分离提取出来。由于在对应压力范围内所得到的萃取物不可能是单一的，就需要通过控制条件得到最佳的混合比例，然后借助升温、减压的方法使 CO_2 气体从超临界状态变为普通态。此时，被萃取物质便会自动地析出，从而达到分离提取的目的。超临界 CO_2 萃取技术具有萃取工艺简单、效率高、无残留溶剂、有效成分不被破坏等特点，特别适合于热敏性天然活性物质的分离，广泛应用于医药、食品、日用香料等工业领域。本实验将运用超临界 CO_2 萃取青蒿素，并利用高效液相色谱（HPLC）测定提取液中青蒿素的含量。

三、实验仪器、材料和试剂

1. 仪器

（1）SFE231-50-06 型二萃三分一柱循环式超临界 CO_2 萃取装置（南通华安超临界萃取有限公司）：萃取器溶剂 1L，设计压力 50MPa；两级分离器溶剂均为 0.6L，设计压力 30MPa，最高操作温度 75℃，最大体积流量 50L/h。

（2）LC-2030 型高效液相色谱仪（日本岛津株式会社）。

（3）粉碎器。

（4）分级筛。

2. 材料

黄花蒿。

3. 试剂

（1）0.9mmol/L Na_2HPO_4-3.6mmol/L NaH_2PO_4 缓冲溶液。

（2）乙腈。

（3）超临界 CO_2。

四、实验步骤

1. 青蒿素的萃取

黄花蒿经粉碎筛分后装入萃取器，从钢瓶出来的 CO_2 冷却成液态，再由高压泵压缩后进入缓冲罐，经预热器进入萃取器，与原料黄花蒿进行接触和传质，溶有溶质的超临界 CO_2 经两级预热、两级减压后进入分离器Ⅰ和分离器Ⅱ。从分离器Ⅱ顶部出来的 CO_2（约为 5MPa）经冷却系统循环使用。预热器、萃取器和分离器温度均由恒温水浴控制温度恒定。

2.青蒿素的鉴定

色谱分析条件为：流动相 $0.9mmol/L\ Na_2HPO_4$-$3.6mmol/L\ NaH_2PO_4$ 缓冲溶液：水：乙腈＝45：45：10，pH 为 7.76，体积流量 0.5mL/min，进样量 $10\mu L$，检测波长 260nm，柱温 30℃。以青蒿素的峰面积 A（AU·s），青蒿素质量浓度 C（$\mu g/mL$）为参数，绘制标准曲线。

五、实验数据和讨论

1. 黄花蒿颗粒度对青蒿素萃取率的影响

将原料黄花蒿粉碎，通过分级筛，收集不同粒度的组分进行萃取实验。黄花蒿的颗粒度对超临界 CO_2 萃取效率和青蒿素萃取率有重要影响。青蒿素为植物细胞内产物，提取时须从胞内释放，扩散进入超临界 CO_2 中，传质过程受植物细胞内扩散控制。因此，原料必须适当粉碎以增加溶质分子与超临界 CO_2 的接触，减少固相传质阻力，但如果粉碎太细会增加超临界 CO_2 通过的阻力。

2. 黄花蒿含水量对青蒿素萃取率的影响

青蒿素具有极性，在萃取过程中原料中水可以起到"夹带剂"的作用，增强超临界 CO_2 的极性和溶解能力。水的质量分数对萃取选择性的影响较复杂，水分含量较高极性杂质的溶解度相应增大，需考虑对原料进行适当加热脱水。

3. CO_2 流速对青蒿素萃取率的影响

在 $0.162\sim1.968kg/h$ 范围内考察 CO_2 流速对青蒿素萃取率的影响。CO_2 流速决定了超临界流体通过料层的速度，进而影响其与物料的接触搅拌作用。质量流量增加使超临界溶剂在萃取柱内停留时间相应减小，出口处流体不易达到饱和，不利于提高萃取率，甚至会出现相同时间或相同 CO_2 用量下，萃取率随质量流量增大反而降低的现象。

4. 萃取压力对青蒿素萃取率的影响

压力是超临界 CO_2 萃取操作的一个关键因素，对萃取率有重要影响。在 $15.2\sim29.7MPa$ 压力范围内考察萃取压力对青蒿素萃取率的影响。随着压力的增大，超临界 CO_2 的密度和扩散能力也增加，其溶解能力也会随着变化。但在选择萃取压力的过程中，也需要进行全面的经济衡算。

5. 萃取温度对青蒿素萃取率的影响

温度是萃取过程的另一个重要参数，萃取温度提高，分子扩散系数增大，流体黏度下降，致使流体分子与溶质的结合率增加，传质效率增加；但温度升高，流体密度降低，导致超临界 CO_2 的溶解能力下降。

6. 分离器 I 的温度和压力对青蒿素萃取率的影响

在选定的操作条件下进行超临界 CO_2 萃取，得到的萃取物要经过二级分离。分离器 I 的温度压力对杂质的析出有较大的影响，从而影响分离器 II 收集产品的收率。在 $40\sim60$℃、$12\sim16$MPa 的温度和压力范围内比较分离器 II 青蒿素的收率。

7. HPLC 鉴定

对超临界 CO_2 萃取分离器 II 收集的产品进行 HPLC 鉴定，并计算产品纯度。

六、思考题

1. 在超临界 CO_2 萃取青蒿素的过程中，原料黄花蒿的颗粒度是否越小越好？

2. 升高萃取温度有利于青蒿素的超临界 CO_2 萃取，温度对青蒿素萃取的选择性是否有影响？

参 考 文 献

[1] 于德鑫，刘乃仲，何帅，等.青蒿素的合成与应用研究综述.山东化工，2019，48（20）：86-87.

[2] Lapkin A A，Adou E，MLambo B，et al. Integrating medicinal plants extraction into a high-value biorefinery：an example of *Artemisia annua* L. . Comptes Rendus Chimie，2014，17（3）：232-241.

[3] 王宗德，孙芳华.青蒿素理化性质及其测定方法的研究进展.江西农业大学学报，1999（04）：606-611.

[4] Rodrigues M，Sousa I M，Vardanega R，et al. Techno-economic evaluation of artemisinin extraction from *Artemisia annua* L. using supercritical carbon dioxide. Industrial Crops and Products，2019，132：336-343.

实验五 / 木质纤维素的分级分离与表征

一、实验目的

1. 了解木质素的分离方法。
2. 掌握蔗渣硫酸盐木质素的分级分离与表征方法。

二、实验原理

木质素是仅次于纤维素的第二大天然高分子，也是自然界中唯一能提供可再生芳香族化合物的非石油资源。木质素是由愈创木基、紫丁香基和对羟基苯基丙烷 3 个结构单元通过各种醚键（β-O-4，α-O-4 等）、碳碳键连接而成，具有复杂三维结构的无定形高聚物，其可能的分子结构如图 5-2 所示。木质素的结构特点使其成为很多高附加值化工产品的原料，如分散剂、胶黏剂、抗氧化剂和碳纤维等。硫酸盐木质素是主要的工业木质素之一，可通过分级分离的方法将其降解为分子量（M_r）低的木质素。常用的木质素分级分离方法主要包括有机溶剂分级、梯度酸析分级、膜分级和乙醇溶解分级。但这些分级方法存在有机溶剂复杂且昂贵、超滤成本高和乙醇回收导致成本增加等局限性。

木质素分子量的多分散性导致不同分子量的木质素结构性能不均一，而这种分子量依赖性的结构性能变化，往往对于木质素的后续应用产生较大的影响。以分子量为尺度分级制取反应活性及应用性能相似的木质素，是解决木质素多分散性最直接的办法。木质素分级相对于木质素缩合和解聚来说，其优点为：①可以按分子量大小把木质素分离开，进而分别利用；②操作条件比较温和，无须经过复杂且条件苛刻的化学或热化学催化过程。

沉淀分级是聚合物分级比较常见的方法，即在聚合物溶剂体系中，通过加入沉淀剂或降温的方式将高分子溶液分离成两相，经过相分离，可以从稀相中获得一个溶解度较好的级分。反复此过程多次，可以得到一系列分子量

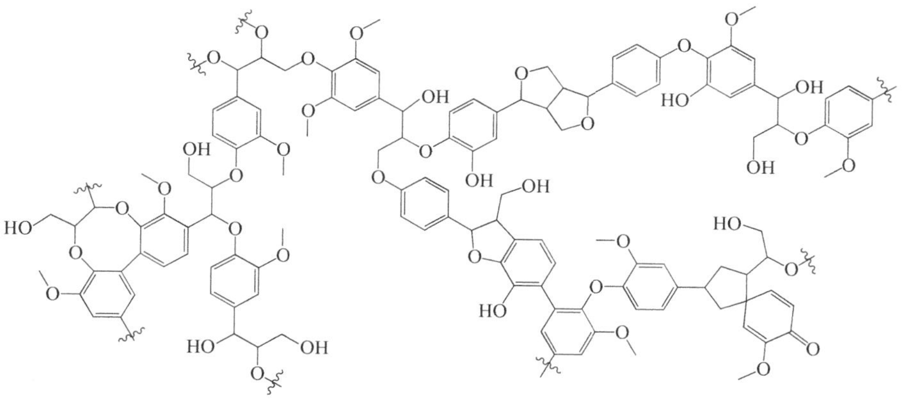

图 5-2　木质素可能的分子结构

从大到小的聚合物级分。对于溶解在不同溶液中的木质素样品，可以通过添加酸的方式沉淀分级木质素，一般是大分子量木质素相对小分子量木质素先沉淀出来。

　　本实验依据不同分子量木质素在不同有机溶剂中溶解度的差异，利用常见且廉价的有机溶剂将蔗渣硫酸盐木质素分级分离，再利用分析手段对原料及各分级组分的含量、分子量及其分布、官能团含量、分子结构以及热稳定性进行表征。

三、实验仪器、材料和试剂

1. 仪器

　　粉碎器、索氏提取器、真空冷冻干燥机、旋转蒸发器、离心机、元素分析仪（PE2400Ⅱ）、傅里叶红外光谱仪（Vector-22 型）、马尔文凝胶渗透色谱系统。

2. 材料

　　蔗渣。

3. 试剂

（1）苯醇：苯/乙醇体积比 2∶1。

（2）50％硫酸。

（3）甲醇/丙酮：体积比 7∶3。

（4）乙醚。

（5）乙酸乙酯。

（6）石油醚。

（7）乙酸乙酯/石油醚：体积比 1：1。

四、实验步骤

1. 制浆

将蔗渣自然风干，切成 1～3cm 小段后粉碎，选取粒径≤0.425mm 的试样，通过苯醇（苯/乙醇体积比 2：1）抽提 8h 去除抽提物，风干后得脱脂蔗渣备用。蔗渣与 50％硫酸混合搅拌 30min 制得黑液。

2. 木质素的提取

用蒸馏水将 5g 浓黑液稀释 10 倍后，加入 710μL 50％（质量分数）硫酸将溶液调至 pH 值 2，静置 3h，离心收集固体，用 pH 值 2 稀酸洗涤固体 3 次，再用去离子水洗涤 3 次，最后在 40℃下真空干燥，获得硫酸盐粗木质素。

3. 木质素的纯化

将 5g 粗木质素溶于 17.5mL 甲醇/丙酮（体积比 7：3，下同）后，将溶液滴入 175mL 乙醚中沉淀，离心收集沉淀，用乙醚洗涤 3 次，在 40℃下真空干燥，即为纯化硫酸盐木质素（KL）。采用 Björkman 方法从脱脂蔗渣原料中分离磨木木质素（MWL），用作对照。

4. 木质素的分级分离

将 5g 的 KL 溶解于 17.5mL 甲醇/丙酮混合液后，滴入 175mL 乙酸乙酯中沉淀，离心得到沉淀物Ⅰ（F1）和离心液Ⅰ；将离心液Ⅰ滴入 700mL 乙酸乙酯/石油醚（体积比 1：1）中沉淀，离心得到沉淀Ⅱ（F2）和离心液Ⅱ；再将离心液Ⅱ旋转浓缩至 5mL 左右，滴入 50mL 石油醚中沉淀，离心获得沉淀物Ⅲ（F3）以及离心液Ⅲ，旋转蒸发除去离心液Ⅲ的溶剂后获得 F4，如图 5-3 所示。

五、实验数据和讨论

1. 测定 MWL、 KL 及各组分的分子量并进行分析

分析造成各样品分子量和分散系数差异的主要原因，并判定有机溶剂分

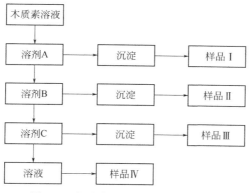

图 5-3　木质素分级分离流程示意图

级分离对木质素均一性的影响规律。

2.元素分析及甲氧基含量测定

通过元素分析和甲氧基含量的测定计算出硫酸盐木质素及其分级组分的结构单元（C9）分子式与 M_r。需要注意的是紫丁香型木质素容易发生芳醚键断裂形成木质素小分子碎片，会引起分子组分含有更高的甲氧基含量。

3.红外光谱分析

通过红外光谱表征 MWL、KL 及各分级组分的结构差异，阐述蔗渣木质素的制浆过程中发生的结构变化。红外光谱图中，硫酸盐木质素与其分级组分不存在分子结构差异，说明有机溶剂分级分离在不改变木质素结构的条件下，提高了木质素均一性。

六、思考题

1.在制浆过程中，木质素苯环 3、5 位对羟基苯基（H）是否会与其碎片中间体亚甲基醌发生缩合？

2.试论述木质素的多分散性、化学组成及 M_r 对其稳定性的影响。

参 考 文 献

[1] 王晓红，马玉花，刘静，等.木素的胺化改性.中国造纸，2010，29（6）：42-45.

[2] Tachon N，Benjellounm Layah B，Delmas M. Organosolv wheat straw lignin as a phenol substitute for green phenolic resins. Bioresources，2016，11（3）：5797-5815.

［3］贾转，万广聪，李明富，等．蔗渣硫酸盐木质素的分级分离与表征．林产化学与工业，
2018，38（5）：107-115.

［4］Björkman A. Studies on finely divided wood. Part 1. Extraction of lignin with neutral
solvents. Svensk Papperstidning-nordisk Cellulosa，1956，59（13）：477-485.

附 录

学生实验守则

1.学生在实验课前必须对实验内容进行充分预习，了解此次实验的目的、原理和方法，做到心中有数，思路清楚。

2.实验课不得无故缺席、迟到或早退。学生进入实验室必须穿实验服，严禁穿拖鞋进入实验室。书包、外套等物品应放到指定地点，实验台面应随时保持整洁。

3.学生在实验室内必须服从指导教师和实验室工作人员安排，不得大声喧哗、打闹，不得吃东西、抽烟。未经允许，不得擅自使用仪器设备。在教师讲解实验内容时，认真听讲，不交头接耳，不随意走动，不摆弄仪器，自觉遵守课堂纪律。

4.实验前清点好仪器、耗材与试剂，各组的实验器具不得随意借用、混用。使用试剂时，应仔细辨认试剂标签，看清名称，切勿用错。使用公用试剂时，应使用专用移液器，及时更换吸头，以防污染试剂。用毕，应立即盖好瓶盖。要合理节约使用耗材和药品。

5.实验中应严格遵守操作规程进行实验，细心观察实验现象，认真、及时做好实验记录和实验结果。对于当时不能得到结果而需要连续观察的实验，则需记下每次观察的现象和结果，以便分析。

6.实验中切勿使乙醇、乙醚、丁醇等易燃药品接近火焰。使用过的酸、碱、有毒有害及有色试剂应专门收集倒入废液桶中，切勿直接倒入水池内。培养过微生物的培养基必须高温灭菌后，统一倒入废物桶内。实验过程中若损坏仪器用具应及时到指导教师处登记，然后补领。实验过程中若出现事故或仪器设备发生故障应立刻告知指导教师，不得擅自处理。

7.使用液相色谱仪、发酵罐、PCR仪等贵重仪器时，要严格按照仪器操作规程细心操作，不得擅自离岗。

8.实验完毕，每组同学应清洗好当天所用的器具，将仪器、药品摆放整齐，清理好实验台面，经指导教师检查同意后方可离开。

9.值日生负责当天实验室的卫生、安全和一切服务性工作，指导教师检查同意后方可离开。

10.实验后，应以实事求是的科学态度认真整理实验数据，撰写实验报告。实验报告力求简明扼要、准确，并及时汇交教师批阅。实验报告应包含以下内容：

（1）标题　应包括实验名称、时间、地点、实验室条件（如温度、湿度）、姓名和学号、实验组号等。

（2）实验目的　简明扼要地阐述实验目的。

（3）实验原理　明确实验原理、实验操作方法和理论知识间的联系。

（4）仪器和材料　了解实验仪器的型号和常用指标，明确实验材料的名称、来源、规格、浓度及配制方法。

（5）操作方法及步骤　描述自己的操作过程及方法，不能完全照抄书本的内容。要简明扼要地把实验步骤写清楚，也可用工艺流程图或表格描述实验过程。

（6）实验结果　将实验中的现象、数据进行整理、分析，得出相应的结论。适当选用列表法、作图法、扫描及拍照等方法记录实验结果。

（7）讨论　对整个实验过程、实验结果的总结和分析。对得到的正常结果和出现的异常现象进行分析和讨论。

（8）思考题　回答课后思考题，阐述实验心得体会或对实验设计、实验方法有何合理性建议。

一、常用培养基配制

（1）LB 培养基　10g/L 胰化蛋白胨，5g/L 酵母抽提物，10g/L NaCl，pH 7.5，固体培养基加入 15g/L 的琼脂粉。

（2）LBA 培养基　在 LB 液体或固体培养基中加入终浓度为 100μg/mL 的氨苄西林。

（3）YPD 培养基　10g/L 酵母抽提物，20g/L 蛋白胨，20g/L 葡萄糖，pH 自然，固体培养基加入 15g/L 的琼脂粉。

（4）MS 培养基　1650mg/L NH_4NO_3、1900mg/L KNO_3、440mg/L $CaCl_2 \cdot 2H_2O$、370mg/L $MgSO_4 \cdot 7H_2O$、170mg/L KH_2PO_4、0.83mg/L KI、6.2mg/L H_3BO_3、22.3mg/L $MnSO_4 \cdot 4H_2O$、10.6mg/L $ZnSO_4 \cdot 7H_2O$、0.25mg/L $Na_2MoO_4 \cdot 2H_2O$、0.025mg/L $CuSO_4 \cdot 5H_2O$、0.025mg/L $CoCl_2 \cdot 5H_2O$、37.3mg/L Na_2-EDTA、27.8mg/L $FeSO_4 \cdot 7H_2O$、30g/L 蔗糖、pH5.7。

二、常用溶液和缓冲液配制

（1）Tris·HCl 溶液　50mmol/L Tris 碱，盐酸调节 pH 值至 8.0。

（2）EDTA 溶液　0.5mol/L EDTA，NaOH 调节 pH 值至 8.0。

（3）TE 溶液　10mmol/L Tris·HCl，1mmol/L EDTA，用 NaOH 调节 pH 值至 8.0。

（4）STET 溶液　80g/L 蔗糖，1g/L Triton X-100，50mmol/L EDTA，50mmol/L Tris·HCl（pH 8.0）。

（5）NaAc 溶液　3mol/L NaAc，冰醋酸调节 pH 值至 7.0。

（6）Tris 饱和酚-氯仿-异戊醇　体积比 25∶24∶1，静置过夜，取下层使用。

（7）CTAB 溶液　50g/L CTAB 溶于去离子水中。

（8）IPTG（异丙基-β-D-硫代半乳糖苷）溶液（0.2g/mL）　200mg IPTG 溶于 1mL 去离子水中，过滤除菌，-20℃保存。

（9）溶菌酶(50mg/mL)　50mg 溶菌酶溶于 1mL 去离子水中，-20℃保存。

（10）蜗牛酶(20mg/mL)　20mg 蜗牛酶溶于 1mL 去离子水中，-20℃保存。

（11）Tris-乙酸（TAE）缓冲液

① 50×储存液　2mol/L Tris 碱，0.05mol/L EDTA，冰醋酸调节 pH 值至 8.0。

② 0.5×工作液　用时将上述储存液稀释 100 倍。

（12）Tris-硼酸（TBE）缓冲液

① 5×储存液：54g Tris 碱，27.5g 硼酸，20mL 0.5mol/L EDTA（pH8.0），定容至 1L。

② 0.5×工作液：用时将上述储存液稀释 10 倍。

（13）Tris-磷酸（TPE）缓冲液

① 10×储存液：108g Tris 碱，15.5mL 85% 磷酸（1.679g/mL），40mL 0.5mol/L EDTA（pH8.0）。

② 1×工作液：用时将上述储存液稀释 10 倍。

（14）10×SDS-PAGE 聚丙烯酰胺凝胶电泳缓冲液　依次溶解 250mmol/L Tris 碱（30.3g/L）、1.92mol/L 甘氨酸（144g/L）、1% SDS（10g/L），用去离子水定容至 1L，室温贮存。

（15）1×转膜缓冲液（transfer buffer）（湿转）　25mmol/L Tris 碱，0.192mol/L 甘氨酸，20%甲醇（体积分数）；取 100mL 10×SDS-PAGE 电泳缓冲液，加入去离子水稀释，加入 200mL 甲醇，再用去离子水定容至 1L，4℃贮存。（转膜缓冲液可使用 2～3 次。）

（16）1×转膜缓冲液（transfer buffer）（干转）　5.8g Tris 碱（48mmol/L），2.9g 甘氨酸（39mmol/L），0.37g SDS，20%甲醇，用去离子水定容至 1L。

（17）10×TBS 溶液　200mmol/L Tris 碱（24.2g），1.37mol/L NaCl（80g）；加去离子水至 900mL，调节 pH 至 7.6，然后定容至 1L。

（18）10×PBS 缓冲液　10mmol/L KH_2PO_4，100mmol/L Na_2HPO_4，1.37mol/L NaCl，27mmol/L KCl。

（19）0.2mol/L 磷酸二氢钠水溶液　称取 27.60g $NaH_2PO_4 \cdot H_2O$，溶于蒸馏水中，加蒸馏水定容至 1000mL。

（20）0.2mol/L 磷酸氢二钠水溶液　称取 53.61g $Na_2HPO_4 \cdot 7H_2O$，加蒸馏水溶解，加蒸馏水定容至 1000mL。

（21）20mmol/L 磷酸缓冲液（pH8.0）　向 5.3mL 0.2mol/L 磷酸二氢钠水溶液中加入 94.7mL 0.2mol/L 磷酸氢二钠水溶液，为 0.2mol/L 磷酸缓冲液，再加蒸馏水至 1000mL 则成 20mmol/L 磷酸缓冲液（pH8.0）。

三、凝胶浓度与 DNA 分辨长度范围

1. 琼脂糖凝胶浓度对线性 DNA 的分辨长度范围

凝胶浓度/%	线性 DNA 长度/bp
0.5	1000～30000
0.7	800～12000
1.0	500～10000
1.2	400～7000
1.5	200～3000
2.0	50～2000

2. 聚丙烯酰胺凝胶浓度对线性 DNA 的分辨长度范围

丙烯酰胺/(g/L)	分辨范围/bp	丙烯酰胺/(g/L)	分辨范围/bp
35	100～2000	120	40～200
50	80～500	150	25～150
80	60～400	200	6～100

四、SDS-聚丙烯酰胺凝胶配制

1. 不同浓度 SDS-聚丙烯酰胺凝胶分离胶的配制方法

试剂	凝胶浓度				
	7.5%	12%	15%	18%	20%
30%丙烯酰胺	2.5mL	4.0mL	5mL	6mL	6.667mL
1mol/L Tris·HCl (pH8.8)	2.5mL	2.5mL	2.5mL	2.5mL	2.5mL
20% SDS	50μL	50μL	50μL	50μL	50μL
ddH$_2$O	4.8mL	3.3mL	2.3mL	1.3mL	0.7mL
将以上成分充分混匀,灌胶之前加入以下成分:					
10%APS	100μL	100μL	100μL	100μL	100μL
TEMED	5μL	5μL	5μL	5μL	5μL
总体积	10mL	10mL	10mL	10mL	10mL

2. SDS-聚丙烯酰胺凝胶 5%浓缩胶的配制方法

试剂	用量	试剂	用量
ddH_2O	6.8mL	30%丙烯酰胺	1.7mL
0.5mol/L Tris · HCl(pH6.8)	1.25mL	TEMED	$10\mu L$
20%SDS	$50\mu L$	10%APS	$100\mu L$
		总体积	10mL

五、DNA 分子量 Ladder

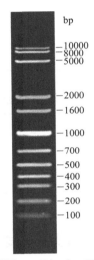

以天根生化科技（北京）有限公司 1kb plus DNA Ladder（MD113）为例，它由 12 条线状双链 DNA 条带组成，适用于琼脂糖凝胶电泳中 DNA 条带的分析。此 Ladder 中 12 条带分别为 10000bp、8000bp、5000bp、2000bp、1600bp、1000bp、700bp、500bp、400bp、300bp、200bp、100bp，若上样量为 $6\mu L$，则 1000bp 带约为 100ng，其余带约为 50ng。产品内含有 1× Loading buffer，可根据实验需要，直接取 $3\sim 6\mu L$ 加入琼脂糖凝胶的加样孔中（每 1mm 点样孔宽度加 $1\mu L$，如果加样孔较宽，可适当增加上样量），进行电泳。建议电泳条件为 0.5%～1.0%琼脂糖凝胶，正负极之间电压 4～10V/cm。通过 EB 染色，在紫外灯下观察电泳条带（附图 1）。储存条件：4℃（长期保存请置于−20℃）。

附图 1　1kb plus DNA Ladder 凝胶电泳示意图
1.0%琼脂糖凝胶，$6\mu L$ 加样，凝胶长度 10cm，电压 6V/cm，0.5×TBE 缓冲液

六、蛋白质分子量 Marker

以天根生化科技（北京）有限公司蛋白质分子量 Marker（MP102）为例，它是由 7 种蛋白质分别纯化后混合而成的蛋白质溶液，分子量范围为 $14.4\times 10^3\sim 94.0\times 10^3$。经 SDS-聚丙烯酰胺凝胶电泳后用考马斯亮蓝 R250（Coomassie brilliant blue R250）染色可得清晰的 7 条蛋白带（附图 2）。使

用前将蛋白质分子量 Marker 置于室温数分钟，彻底溶解并轻弹混匀后，无需加热，取 10μL 蛋白质分子量 Marker 加入凝胶（1mm 厚 mini-gel）孔内进行电泳；若加样孔较大，可适当增加蛋白质分子量 Marker 用量。建议使用分离胶浓度为 12%，电压 $120\sim200$V，电压过低会导致小分子量的蛋白条带弥散。储存条件：4℃（长期保存请置于－20℃）。浓度：每种蛋白约 $0.1\sim0.2\mu$g/μL。

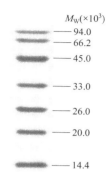

附图 2　蛋白质分子量 Marker（$14.4\times10^3\sim94.0\times10^3$）SDS-聚丙烯酰胺凝胶电泳示意图 12%SDS-PAGE

七、常用核酸数据换算

分光光度换算	DNA 换算
$1A_{260nm}$ 双链 DNA$=50\mu$g/mL	1kb 双链 DNA（钠盐）$M_r=6.6\times10^5$
$1A_{260nm}$ 单链 DNA$=33\mu$g/mL	1kb 单链 DNA（钠盐）$M_r=3.3\times10^5$
$1A_{260nm}$ 单链 RNA$=40\mu$g/mL	1kb 单链 RNA（钠盐）$M_r=3.4\times10^5$
	脱氧核糖核苷 $M_r=324.5$
	1μg 1000 bp DNA$=1.52$pmol$=3.03$pmol 末端
	1pmol 1000 bp DNA$=0.66\mu$g
	1μg pBR322 DNA$=0.36$pmol
	1pmol pBR322 DNA$=2.8$ng

八、常用限制性核酸内切酶识别位点及切割位点

名称	识别位点和切割位点	名称	识别位点和切割位点
Aat I	$5'\cdots$AGG$^\blacktriangledown$CCT$\cdots3'$ $3'\cdots$TCC$_\blacktriangle$GGA$\cdots5'$	*Aat* II	$5'\cdots$GACGT$^\blacktriangledown$C$\cdots3'$ $3'\cdots$C$_\blacktriangle$TGCAG$\cdots5'$
Bam HI	$5'\cdots$G$^\blacktriangledown$GATCC$\cdots3'$ $3'\cdots$CCTAG$_\blacktriangle$G$\cdots5'$	*Bgl* II	$5'\cdots$A$^\blacktriangledown$GATCT$\cdots3'$ $3'\cdots$TCTAG$_\blacktriangle$A$\cdots5'$
Cla I	$5'\cdots$AT$^\blacktriangledown$CGAT$\cdots3'$ $3'\cdots$TAGC$_\blacktriangle$TA$\cdots5'$	*Eco*R I	$5'\cdots$G$^\blacktriangledown$AATTC$\cdots3'$ $3'\cdots$CTTAA$_\blacktriangle$G$\cdots5'$
*Eco*R V	$5'\cdots$GAT$^\blacktriangledown$ATC$\cdots3'$ $3'\cdots$CTA$_\blacktriangle$TAG$\cdots5'$	*Fok* I	$5'\cdots$GGATG(N)$_9$$^\blacktriangledown$(N)$_4$$\cdots3'$ $3'\cdots$CCTAC(N)$_9$(N)$_4$$_\blacktriangle$$\cdots5'$
Hind III	$5'\cdots$A$^\blacktriangledown$AGCTT$\cdots3'$ $3'\cdots$TTCGA$_\blacktriangle$A$\cdots5'$	*Hpa* I	$5'\cdots$GTT$^\blacktriangledown$AAC$\cdots3'$ $3'\cdots$CAA$_\blacktriangle$TTG$\cdots5'$

续表

名称	识别位点和切割位点	名称	识别位点和切割位点
Kpn I	5′⋯GGTAC▼C⋯3′ 3′⋯C▲CATGG⋯5′	Nco I	5′⋯C▼CATGG⋯3′ 3′⋯GGTAC▲C⋯5′
Not I	5′⋯GC▼GGCCGC⋯3′ 3′⋯CGCCGG▲CG⋯5′	Nde I	5′⋯CA▼TATG⋯3′ 3′⋯GTAT▲AC⋯5′
Pae I	5′⋯GCATG▼C⋯3′ 3′⋯C▲GTACG⋯5′	Pst I	5′⋯CTGCA▼G⋯3′ 3′⋯G▲ACGTC⋯5′
Sac I	5′⋯GAGCT▼C⋯3′ 3′⋯C▲TCGAG⋯5′	Sal I	5′⋯G▼TCGAC⋯3′ 3′⋯CAGCT▲G⋯5′
Sma I	5′⋯CCC▼GGG⋯3′ 3′⋯GGG▲CCC⋯5′	SnaB I	5′⋯TAC▼GTA⋯3′ 3′⋯ATG▲CAT⋯5′
Spe I	5′⋯A▼CTAGT⋯3′ 3′⋯TGATC▲A⋯5′	Sph I	5′⋯GCATG▼C⋯3′ 3′⋯C▲GTACG⋯5′
Xba I	5′⋯T▼CTAGA⋯3′ 3′⋯AGATC▲T⋯5′	Xho I	5′⋯C▼TCGAG⋯3′ 3′⋯GAGCT▲C⋯5′
Xma I	5′⋯C▼CCGGG⋯3′ 3′⋯GGGCC▲C⋯5′	Xsp I	5′⋯C▼TAG⋯3′ 3′⋯GAT▲C⋯5′

九、常用生物数据库

数据库	描述
GenBank	GenBank，基因序列数据库
NCBI	National Center for Biotechnology Information，美国国立生物技术信息中心
SGD	Saccharomyces Genome Database，酵母基因组数据库
EcoGene	Escherichia coli K12，大肠杆菌基因组数据库
SubtiList	Bacillus subtilis 168，枯草芽孢杆菌基因组数据库
MGD	Mouse Genome Database，小鼠基因组数据库
ZFIN	Zebrafish Information Network，斑马鱼信息网基因组数据库
FlyBase	Drosophila Genome Database，果蝇基因组数据库
MaizeDB	Maize Genome Database，玉米基因组数据库
YPD	Yeast Protein Database，酵母蛋白质数据库

十、常用仪器的使用

（一）电子天平

1. 准备

使用前需开机预热 1～3h（预热时间应参考电子天平说明书）。观察水准器，如水泡偏移，需调节水平调节脚，使水泡位于水准器中心。

2. 天平校准

因存放时间较长、位置移动、环境温度等变化，显示屏上的称量单位不显示，或在无称量情况下显示屏左下方显示一个砝码，则应在使用天平前进行预加载和校准工作，方法如下：

取下秤盘上所有被测物，轻按"去皮"键，天平清零。

轻按"校准"键，当出现"CAL-100"闪烁码时松手，表示需要用100g的标准砝码校准。此时放上准备好的100g标准砝码，显示屏即出现等待状态，经数秒后，显示屏出现"100.0000g"，同时"Please wait"熄灭，拿去校准砝码，显示器应出现0.0000g。如若显示不为零，则再清零，重复以上校准操作。

3. 称量

将被称物置于秤盘上，待天平稳定，即显示器左边的"0"和等待"Please wait"标志熄灭后，天平的显示值即为被称物体的质量值。

（二）高速离心机

1. 定时离心分离

（1）按下"open"按钮打开离心机盖，此时显示上一次的设置参数。向转子内对称地放入离心管（注意：放置的离心管重量一定要保持平衡），拧紧转子盖并合上离心机盖。

（2）通过"time"键设定运行时间；通过"speed"键设定相对离心力（rcf）或转速（rpm）。

（3）按下"start/stop"键，开始离心分离。

（4）离心分离期间可以通过按"start/stop"键，在设定的运行时间结束前停止离心。

（5）设定时间结束后离心分离自动结束，转子停止时会响起一声信号声。离心机盖自动打开，取出样本。

2. 瞬时离心分离

（1）按住"short"键，开始瞬时离心分离，显示屏上的时间以秒为单位增加。在瞬时分离时，所有其他键都无用。

（2）松开"short"键，结束瞬时离心分离，制动过程中，离心分离时长在显示屏上闪烁，转子停止时会响起一声信号声，离心机盖自动打开，取出样本。

　　附图 3 与附图 4 为 Eppendorf Centrifuge 5424 控制面板及显示面板。

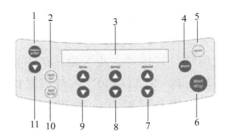

附图 3　Eppendorf Centrifuge5424 控制面板

1—menu/enter 键：打开菜单/确定菜单

2—rpm/rcf 键：切换离心分离速度显示（rpm 或 rcf）

3—显示屏

4—short 键：瞬时离心分离

5—open 键：解锁离心机盖

6—start/stop 键：开始及停止离心分离

7—speed 箭头键：设定离心分离速度；按住箭头键则快速设置

8—temp 箭头键：设定温度；按住箭头键则快速设置

9—time 箭头键：设定离心分离时长；按住箭头键则快速设置

10—fast temp 键：开始 fast temp 快速制冷

11—菜单箭头键：翻阅菜单

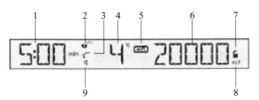

附图 4　Eppendorf Centrifuge5424 显示面板

1—离心分离时长

2—按键锁定状态（LOCK）：🔒防止意外更改离心分离参数；🔓按键未锁定

3—ATSET 功能：达到设定相对离心力（rcf）/或转速（rpm）的 95% 时开始计时；立即开始计时

4—温度

5—软斜坡：soft 转子缓慢加速和减速；无图标表示转子快速加速和减速

6—相对离心力（rcf）或转速（rpm）：实际值

7—离心机状态：离心机盖已解锁；■离心机盖已锁定；■（闪烁）正在离心分离

8—相对离心力（rcf）或转速（rpm）：rcf 为相对离心力；rpm 为转速（每分钟转数）

9—扬声器：扬声器已打开；扬声器已关闭

（三）移液器的使用

1. 设置量程

移液器手柄上方的显示窗可显示移液量。通过顺时针或逆时针旋转操作按钮来设置移液量。（在设置量程时，请注意不要将按钮旋出量程，否则会卡住机械装置，损坏移液器。）

2. 安装吸头

把移液器顶端插入合适的吸头（白色、黄色、蓝色三种），轻轻用力按压一下，上紧即可。（切记不能用力过猛。否则会导致移液器的内部配件因敲击产生的瞬时撞击力而变得松散，严重时导致移液器损坏。）

3. 取液移液

（1）轻轻将移液器按钮按至第一停点。

（2）将吸头没入液面下 1～3mm 处，缓慢松开按钮回到原点，吸取液体。（注意：装有吸取了液体的吸头后，移液器一定不要水平放置或倒置，防止液体倒流入移液器内。）

（3）将吸取了液体的吸头转移至要加入的容器中，缓慢将移液器按钮按至第一停点，液体即被排出。稍停片刻将移液器按钮按至第二停点（即吹出），这一步骤将排空吸头，保证液体准确转移。

（4）松开移液器按钮，回到原点。如需要更换吸头，继续移液。

注意：有些高黏液体、生物活性液体、易起泡液体或极微量液体不易吸取，使用反向移液技术吸入多余设置量程的液体，不用吹出功能，保证液体准确转移。将上述步骤中（1）改为按下按钮至第二停点，步骤（3）中不再继续按按钮至第二停点。

4. 清洁保养

在移液器表面喷上酒精，再用软布擦干。建议定期清洁并消毒移液器吸液嘴部件。

（四）可见光分光光度计

仪器波长范围为 340～1000nm，控制面板共有 4 个键。

1. MODE 键

按此键来切换 A、T、c、F 之间的值。

A 为光密度值；T 为透射比；c 为浓度；F 为斜率。

2. PRINT 键

该键具有两个功能：

（1）用于 RS232 串行口和计算机传输数据。

（2）当处于 F 状态时，具有确认的功能，即确认当前 F 值，并自动转到 c，计算当前 c 值（$c=FA$）。

3. "▼/0% T" 键

该键具有两个功能

（1）调零：只有在 T 状态时有效，打开样品室盖，按键后应显示 0.00。

（2）下降键：只有在 F 状态时有效，按本键 F 值会自动减 1，如果按住本键不放，自动减 1 会加快速度。F 值为 0 后，再按键会自动变为 1999。

4. "▲/AO 100% T" 键

该键具有两个功能：

（1）只有在 A、T 状态时有效，关闭样品室盖，按键后应显示 0.000、100.0。

（2）上升键：只有在 F 状态时有效，按本键 F 值会自动加 1，如果按住本键不放，自动加 1 会加快速度。F 值为 1999 后，再按键会自动变为 0。

仪器开机后灯及电子部分需热平衡，故开机预热 30min 后才能进行测定工作。使用仪器上唯一的旋钮，调整当前波长至需测试的波长。开机预热后、改变测试波长时、测试一段时间后以及做高精度测试前需要校正基本读数标尺两端。首先按 "MODE" 键切换至透射比（T）调零：（在调零前应加一次 100％ T 调整，以使仪器内部自动增益到位）打开样品室盖（关闭光门）或用不透光材料在样品室中遮断光路，然后按 "▼/0％ T" 键，即能自动调整零位。

调整 100％ T：将用作背景的空白样品置于样品室光路中，盖下试样盖（同时打开光门）按下 "▲/AO 100％ T" 键即能自动调整 100％ T。（一次有误差时可加按一次。）

调整 100％ T 时整机自动增益系统重调可能影响 0％ T，调整后请检查 0％ T，如有变化可重调一次。

校正基本读数标尺两端完毕后可放入待测样品进行测量。在使用比色皿时，两个透光面要完全平行，并垂直于比色皿架中，以保证在测量时入射光垂直于透光面，避免光的损失，比色皿使用时应注意以下几点：

（1）拿取比色皿时，只能用手指接触两侧的毛玻璃，避免接触光学面。同时注意轻拿轻放，防止外力对比色皿的影响，产生应力后破损。

（2）使用比色皿时应于测试前将待测液倒入比色皿洗涤三次（注意不要产生气泡）。

（3）凡含有腐蚀玻璃的物质的溶液，不得长期盛放在比色皿中。

（4）不能将比色皿放在火焰或电炉上进行加热或干燥箱内烘烤。

（5）当发现比色皿里面被污染后，应用无水乙醇清洗，及时擦拭干净。

（6）不得将比色皿的透光面与硬物或脏物接触。盛装溶液时，高度为比色皿的 2/3 处即可，光学面如有残液可先用滤纸轻轻吸附，然后再用镜头纸或丝绸沿着一个方向擦拭。

（7）比色皿中的液体，应沿毛面倾斜，慢慢倒掉。直接口向下放在干净的滤纸上吸干剩余液，然后用蒸馏水冲洗比色皿内部倒掉（操作同上）避免液体外流，使第 2 次测量时不用擦拭比色皿，不致因擦拭带来误差。

（五）pH 计

1. 使用前的准备

将 pH 复合电极下端的电极保护瓶取下，并拉下电极上端的橡皮套使其露出上端小孔。用蒸馏水清洗电极。

2. pH 电极的标定（适用于 pH4.00、pH6.86、pH9.18 标准缓冲液）

仪器使用前首先要标定。一般情况下仪器在连续使用时，每天要标定一次。仪器采用两点标定，标定缓冲溶液一般第一次用 pH6.86 的溶液，第二次用接近被测溶液 pH 值的缓冲液，如被测溶液为酸性时，应选 pH4.00；被测溶液为碱性时则选 pH9.18 的缓冲溶液。

在标定与测量过程中，每更换一次溶液，必须对电极进行清洗（下面的操作说明中不再复述），以保证精度。

（1）按要求连接电源、电极，打开电源开关，仪器进入 pH 测量状态。

（2）按"温度"键，使仪器进入溶液温度调节状态（此时温度单位℃指示闪亮），按"▲"或"▼"键调节温度显示数值上升或下降，使温度显示值和溶液温度一致，然后按"确定"键，仪器确认溶液温度值后回到 pH 测量状态。

（3）把电极插入 pH6.86 的标准缓冲溶液中，按"标定"键，此时显示实测的电压（mV），待读数稳定后按"确定"键（此时显示实测的电压对应的该温度下标准缓冲溶液的标称值），然后再按"确定"键，仪器转入斜率标定状态。

（4）在斜率标定状态下，把电极插入 pH 4.00/9.18 的标准缓冲溶液中，此时显示实测的电压，待读数稳定后按"确定"键（此时显示实测的电压对应的该温度下标准缓冲溶液的标称值），然后再按"确定"键，出现笑脸，仪器自动进入 pH 测量状态（若短暂闪过哭脸则需要重新标定一次）。

如果在标定过程中操作失误或按键按错而使仪器测量不正常，可关闭电源，按住确认键后再开启电源，使仪器恢复初始状态，然后重新标定。若经标定后，误按"标定"键或"温度"键，则可将电源关掉后重新开机，仪器将恢复到原来的测量状态。

3. pH 值的测量

经标定过的仪器，即可用来测量被测溶液，测量时为保证精度，应用电极头球泡完全浸入溶液，电极离容器底部 1～2cm，溶液应保持匀速流动且无气泡。当读数稳定后就可以读取数据。

"开/关"键：仪器电源的开关。

"mV/pH"键：按下进行 pH、电压测量模式的转换。

"温度"键：按下后可由"▼""▲"键调节温度值。"▲"键：按下此键数值上升。"▼"键：按下此键数值下降。

"标定键"：按下此键仪器进入定位、斜率标定程序。

"确定键"：此键有两个功能。

（1）确认上一步操作并返回 pH 测试状态或下一种工作状态。

（2）如果仪器因操作不当出现不正常现象时，按住此键然后将电源开关打开，使仪器恢复初始状态。

4. 仪器的维护

（1）仪器不用时，将 Q9 短路插头插入插座，防止灰尘及水汽侵入。

（2）取下电极保护套后，应避免电极的敏感玻璃泡与硬物接触，因为任何破损或擦毛都会使电极失效。

（3）测量结束，及时将电极保护瓶套上，电极套内应放少量外参比补充液，以保持电极球泡的湿润，切忌浸泡在蒸馏水中。

（4）复合电极的外参比补充液为 3mol/L 氯化钾溶液，补充液可以从电极上端小孔加入，复合电极不使用时，拉上橡皮套，防止补充液干涸。

5. 缓冲溶液的配制

（1）pH4.00 溶液：使用邻苯二甲酸氢钾 2.53g（一包），溶解于 250mL 的高纯去离子水中。

（2）pH6.86 溶液：使用磷酸二氢钾和磷酸氢二钠混合盐共 1.73g（一包），溶解于 250mL 无 CO_2 的高纯去离子水中。

（3）pH9.18 溶液：使用四硼酸钠 0.95g（一包），溶解于 250mL 无 CO_2 的高纯去离子水中。

配制 pH6.86/9.18 溶液所用的水，应预先煮沸 15～30min，除去溶解的 CO_2。在冷却过程中应避免与空气接触，以防止 CO_2 的污染。

（六）干式恒温仪（金属浴）

打开电源开关，大约 5s 后显示屏显示的数字为金属模块的即时温度。

按下温度按钮进入温度设置，此时设置显示屏最左边数字闪烁，用上下键可更改闪烁数字到所需数值。再次按下温度按钮闪烁数字右移一位，用上下键更改闪烁数字直至所需数值。再次按下温度按钮闪烁数字右移一位，用上下键更改闪烁数字直至所需数值，完成温度的设置工作。

按下"启动/停止"键开始工作。

工作时间默认为 1h，1h 后会蜂鸣，注意用完后要及时关闭电源。

（七）手提式压力蒸汽灭菌器

1. 准备

在每次使用前应定期检查灭菌器是否有异常。在确认灭菌器清洁且无异常后向灭菌器主体内加清水 3.5L（水位大约与储物桶支撑的顶面最低端相平齐）。

2. 装填

灭菌的物品予以妥善包扎，顺序放入灭菌网篮内。相互之间留有缝隙，有利于蒸汽的穿透，提高灭菌效果。

3. 密封

将灭菌物品码放好后，把机器盖上的手动式放气软管插入灭菌锅桶内侧的圆槽内，对正螺栓槽盖上器盖，按对角依次均匀旋紧螺母将灭菌锅密封。

4. 加热

接通电源进行加热。开始加热时将手动式放气阀扳至竖直位置打开手动式放气阀，使灭菌器内空气随加热逐渐逸出，待有蒸汽喷出后延时约 1min（一定要排尽灭菌锅内冷空气，以免影响灭菌效果），即将手动式放气阀扳至水平位置，将其关闭。此后，灭菌器压力和温度将随着加热时间的延长而逐步升高，等压力上升到所需压力时，适当调整放气阀位置，使锅内压力恒定。

5. 灭菌

通过调节放气阀维持灭菌压力和温度（注意：灭菌过程中一定要留心观察，随时调整），通常 121℃灭菌 25～30min。灭菌结束后关闭放气阀，切断电源停止加热。使其自然冷却至压力表指针回复零位后，再延迟 1～2min，打开手动放气阀，排尽余气，才能开启器盖。

6. 保养

压力表应保持清洁，示值清晰，有破损、漏气、玻璃结霜、指针不回零等现象时，应及时更换。

注意：灭菌器应保持清洁干燥。灭菌后，如当天不再使用灭菌器，应及时把灭菌器内的水放掉，防止灭菌器生锈。

（八）双孔智能水浴锅

使用前先查看水位是否过低，及时补添水。

打开开关后，点击"SET"键进入温度设置，使用旁边的"上/下"键进行调整。实验室默认工作温度为 42℃（需在使用时间前 1h 打开使其温度稳定在所需温度）。

（九）立式压力蒸汽灭菌器

1. 操作程序

（1）操作前准备

① 检查电器件有无损坏。

② 机器良好接地，接通 220V 电源。

③ 向灭菌罐内加蒸馏水约 12L。

④ 将灭菌物放置在罐内筛网上，然后将盖子盖上，拧紧固定螺母。

（2）开机与运行

① 合上电源开关。

② 按"开"键，"开"键上面的指示灯亮，整机处于加热状态。

③ 分别设置所需的灭菌温度及灭菌时间。

④ 灭菌器刚开始加热时，请将放气阀旋转至放气位置，排放罐体内冷空气，待有较急的蒸汽喷出时，即将放气阀拨至关闭位置，温度到达后开始计时灭菌。

（3）停机与保养

① 按下"关"键指示灯灭表示已关机。

② 让罐内蒸汽自然冷却，罐内气体自然放尽后，方可开盖取物。

2. 注意事项

（1）开机前必须往罐内加入约 12L 的蒸馏水。

（2）开机时必须排放罐内冷空气，以确保灭菌效果。

（3）灭菌完成后，必须让蒸汽自然冷却，禁止人工排气。

（4）罐内气体未放尽，禁止打开压力锅盖。

（5）对不同类型，不同灭菌要求的物品，如敷料和液体等，切勿放在一起灭菌，以免顾此失彼，造成损失。

3. 维护保养

（1）在设备使用中，应对安全阀加以维护和检查，当设备闲置较长时间重新使用时，应扳动安全阀上小扳手，检查阀芯是否灵活，防止因弹簧生锈腐蚀影响安全阀起跳。

（2）设备工作时，当压力表指示超过 0.165MPa 时，安全阀不开启，应立即关闭电源，打开放气阀旋钮，当压力表指针回零时，稍等 1～2min，再打开容器盖并及时更换安全阀。

（3）压力表应按规定期限进行检定，保证安全使用。日常使用中，若压力表指示不稳当或不能恢复到零位，应予以检修或者更换新表。

（4）平时应将设备保持清洁和干燥，方可延长使用年限。

（5）每周应对灭菌器进行擦拭除尘，每周应给灭菌器换水，并去水垢。

4. 异常处理

（1）如果发生设备异常或情况失控，请关闭电源，立即撤离现场并报告仪器管理科处理。

（2）设备容器盖上的橡胶密封圈使用日久会老化和变形，日常使用中除正确使用外，如发现密封圈老化变形、断裂情况时，应及时更换，保证安全使用。

（3）在日常使用中如发现螺丝、螺母松动现象，应及时加以紧固，确保正常使用。

5. 技术参数

（1）灭菌器容积：50L

（2）控温范围：109～126℃。工作最高压力：0.14MPa。

（3）工作环境：温度 5～40℃，相对湿度应不超过 93%RH。

（十）显微镜

1. 观察前的准备

（1）显微镜的放置　将显微镜置于平整的实验台上，镜座距实验台边缘约 3～4cm。镜检时姿势要端正。取、放显微镜时应一手握住镜臂，一手托住底座，使显微镜保持直立、平稳。切忌用单手拎提；且不论使用单筒显微镜还是双筒显微镜均应双眼同时睁开观察，以减少眼睛疲劳，也便于边观察边绘图或记录。

（2）光源调节　安装在镜座内的光源灯可通过调节电压以获得适当的照明亮度，而使用反光镜采集自然光或灯光作为照明光源时，应根据光源的强度及所用物镜的放大倍数选用凹面或凸面反光镜并调节其角度，使视野内的光线均匀，亮度适宜。

（3）根据使用者的个人情况，调节双筒显微镜的目镜。双筒显微镜的目镜间距可以适当调节，而左目镜上一般还配有屈光度调节环，可以适应眼距不同或两眼视力有差异的不同观察者。

（4）聚光器数值孔径值的调节　调节聚光器虹彩光圈值与物镜的数值孔径值相符或略低。有些显微镜的聚光器只标有最大数值孔径值，而没有具体的光圈数刻度。使用这种显微镜时可在样品聚焦后取下一目镜，从镜筒中一边看着视野，一边缩放光圈，调整光圈的边缘与物镜边缘黑圈相切或略小于其边缘。因为各物镜的数值孔径值不同，所以每转换一次物镜都应进行这种调节。

在聚光器的数值孔径值确定后，若需改变光照强度，可通过升降聚光器或改变光源的亮度来实现，原则上不应再通过虹彩光圈的调节。当然，有关虹彩光圈、聚光器高度及照明光源强度的使用原则也不是固定不变的，只要能获得良好的观察效果，有时也可根据不同的具体情况灵活运用，不一定拘泥不变。

2. 显微观察

在目镜保持不变的情况下，使用不同放大倍数的物镜所能达到的分辨率及放大率都是不同的。一般情况下，特别是初学者，进行显微观察时应遵守从低倍镜到高倍镜再到油镜的观察程序，因为低倍数物镜视野相对大，易发现目标及确定检查的位置。

（1）低倍镜观察　将金黄色葡萄球菌染色标本玻片置于载物台上，用标本夹夹住，移动推进器使观察对象处在物镜的正下方。下降 10×物镜，使其接近标本，用粗调节器慢慢升起镜筒，使标本在视野中初步聚焦，再使用细调节器调节图像清晰。通过玻片夹推进器慢慢移动玻片，认真观察标本找到合适的目标物，仔细观察并记录所观察到的结果。

在任何时候使用粗调节器聚焦物像时，必须养成习惯，先从侧面注视小心调节物镜靠近标本，然后用目镜观察，慢慢调节物镜离开标本进行准焦，以免因一时的误操作而损坏镜头及载玻片。

（2）高倍镜观察　在低倍镜下找到合适的观察目标并将其移至视野中心后，轻轻转动物镜转换器将高倍镜移至工作位置。对聚光器光圈及视野亮度进行适当调节后微调细调节器使物像清晰，利用推进器移动标本仔细观察并记录所观察到的结果。

在一般情况下，当物像在一种物镜中已清晰聚焦后，转动物镜转换器将其他物镜转到工作位置进行观察时，物像将保持基本准焦的状态，这种现象称为物镜的同焦（parfocal）。利用这种同焦现象，可以保证在使用高倍镜或油镜等放大倍数高、工作距离短的物镜时仅用细调节器即可能对物像清晰聚焦，从而避免由于使用粗调节器时可能的误操作而损坏镜头或载玻片。

（3）油镜观察　在高倍镜或低倍镜下找到要观察的样品区域后，用粗调节器将镜筒升高，然后将油镜转到工作位置。在待观察的样品区域加滴香柏油，从侧面注视，用粗调节器将镜筒小心地降下，使油镜浸在镜油中并几乎与标本相接。将聚光器升至最高位置并开足光圈，若所用聚光器的数值孔径值超过 1.0，还应在聚光镜与载玻片之间也加滴香柏油，保证其达到最大的效能。调节照明使视野的亮度合适，用粗调节器将镜筒徐徐上升，直至视野中出现物像并用细调节器使其清晰准焦为止。

有时按上述操作还找不到目的物，则可能是由于油镜头下降还未到位，或因油镜上升太快，以致眼睛捕捉不到一闪而过的物像。遇此情况，应重新操作，另外应特别注意不要因在下降镜头时用力过猛，或调焦时误将粗调节器向反方向转动，那样易损坏镜头及载玻片。

3. 显微镜用毕后的处理

（1）上升镜筒，取下载玻片。

（2）用擦镜纸拭去镜头上的镜油，然后用擦镜纸蘸少许二甲苯（香柏油溶于二甲苯）擦去镜头上残留的油迹，最后再用干净的擦镜纸擦去残留的二甲苯。

切忌用手或其他纸擦拭镜头，以免使镜头沾上污渍或产生划痕，影响观察。

（3）用擦镜纸清洁其他物镜及目镜；用绸布清洁显微镜的金属部件。

（4）将各部分还原，反光镜垂直于镜座，将物镜转成"八"字形，再向下旋。同时把聚光镜降下，以免接物镜与聚光镜发生碰撞危险。

（十一）发酵罐

1. 实罐灭菌操作

（1）准备

① 确认公用管线连接安全可靠。

② 连接好取样管线（弹簧夹处于放开状态）。

③ 进气过滤器用硅胶管与罐盖空气管连接并用弹簧夹夹紧，在消毒过程中防止培养基倒流进入进气过滤器。

④ 排气口与过滤器用硅胶管连接，保持通畅，不得夹、堵。

⑤ 将 pH 电极装入电极插口并用闷帽盖紧电极上端口，防止因电缆插口受潮导致电极故障。

⑥ 将溶氧电极装入电极口并用铝箔纸包裹电极上端口，防止因电缆插口受潮导致电极故障。

⑦ 盖紧其他罐盖接口。

⑧ 移去排气冷凝器冷却水进出口的水管。

（2）离位实罐灭菌

① 提起玻璃罐体及补料瓶放入消毒锅，盖好牛皮纸，整理好排气管线保持通畅，盖好消毒锅盖，升温消毒，消毒时间及温度按培养基性质确定。

② 消毒过程必须注意：应缓慢升温，缓慢降温（相对常规的锥形瓶）。

③ 消毒结束后应尽快将罐放回原位并尽快通入空气，调整空气流量 3～5L/min。

2. 发酵操作

（1）准备

（2）接种　调节进气量至 2～3L/min，旋松接种口，在火焰保护下，打开接种口，倒入种子，然后旋紧接种盖，移去火焰圈。在控制器的初始菜单进入"发酵操作"界面，设定"发酵批号"并确认，点击"发酵"按钮，发酵开始并计时和发酵数据自动记录，"发酵"按钮翻转为"归档"，点击"归档"发酵结束，数据才能自动保存。设定发酵过程参数及适宜的控制模式。

（3）补料操作

① 硅胶管安装：将经灭菌消毒的补料瓶及输液管放置于搁架上，开蠕动泵透明的防护盖，半开蠕动泵进出口处的白色管夹，将硅胶管（近料瓶端）嵌入入口处的管夹并夹紧，用手转动蠕动泵泵头，同时将硅胶管沿蠕动泵凹槽安装直至蠕动泵出口处，然后开蠕动泵手动开关约 10s 左右，再夹紧蠕动泵出口处管夹，关手动开关。

② 将酒精棉球放在罐盖补料口内，然后将针头插入并穿透密封盖。

③ 打开蠕动泵手动开关，使输液管中充满料液，置蠕动泵开关于自动状态。

④ 酸碱液、消泡剂操作同补料操作。

（4）取样 将出料管放入废液瓶，松开出料口弹簧夹，发酵液被压入废液瓶（也可以减少排气增加罐压，加快取样速度），当取样管内残液放去后用取样瓶接收样品液，夹紧橡胶管，松开平衡口弹簧夹，取样管内发酵液回入罐内，打开弹簧夹放尽取样管内残液，再夹紧弹簧夹，取样结束。

（5）放料

① 同取样操作。

② 每排发酵结束，关空气压缩机并排净气包内油水。

（十二）荧光分光光度计

日立 F4500 荧光分光光度计，用于测试液体、固体粉末、薄膜等材料在常温及低温（除薄膜）条件下的荧光分析、发光分析、磷光分析。可进行三维测量，波长扫描荧光、磷光、发光光谱，时间扫描（荧光、磷光、发光时间），定量分析（荧光、磷光、发光），磷光寿命测定，三波长测定。可在发光材料、生化、医药等领域应用。

1. 主要技术指标：

（1）波长范围 200～900nm。

（2）扫描速度可达 3.00nm/min。

（3）同等条件下最高灵敏度 SNz100：1 水的拉曼峰，E_x350nm，带宽 5.0nm，响应 2.0s。

2. 操作步骤：

（1）打开电脑主机电源。

（2）打开 F4500 主机电源。间隔 10s 后，按下氘灯开关按键（不得超过 5s），当黄灯亮起不熄灭时，打开主板电源。

（3）点击"FL solution"图标，打开仪器工作程序窗口。

（4）将待测溶液倒入荧光比色皿，用柔软的滤纸（最好为擦镜纸）拭去荧光比色皿外侧溶液，打开仪器盖，将荧光比色皿放入仪器中的专用位置，盖好盖子。

（5）点击"方法"图标。在打开的框图中，点击"一般"图标，选择"波长扫描"方式；点击"仪器"图标，选择扫描方式为"发射"，固定激发波长为某整数值 X，发射扫描开始波长为"$X+20$"nm，发射扫描结束波长为"$2X-20$"nm，但发射扫描结束波长最大不超过 900nm。

（6）点击"测量"图标，开始进行发射光谱扫描。仪器结束扫描后自动给出相应的测量参数和最大发射波长及对应的荧光强度。

（7）点击"方法"图标。在打开的框图中，点击"仪器"图标，选择扫描方式为"激发"，发射波长选择刚才所得的最大发射波长数值 Y，激发扫描开始波长为"$1/2Y+20$"nm。激发扫描结束波长为"$Y-20$"nm。

（8）点击"测量"图标，开始进行激发光谱扫描。仪器结束扫描后自动给出相应的测量参数和最大激发波长及对应的荧光强度。

（9）将激发波长设为步骤（8）确定的数值。重复步骤（5）～（8）的步骤，直至获得的激发波长和发射波长的数值不再明显改变为止。

（10）点击"方法"图标，在打开的框图中，点击"一般"图标，选择"光度计"方式，选择"使用样品表"；点击"定量"图标，"定量"为波长，"校正曲线"为 1 级，"浓度"为 mg/L，"小数点后位数"为 1；点击"仪器"图标，在 E_x 和 E_m 项填写获得的最佳激发波长和发射波长数值，"重复"为 3，"波长"为两者波长固定；点击"标准"图标，"样品数"为 6，栏中分别输入相应溶液的浓度。点击"确定"。

（11）点击"样品"图标，选择测定的样品数目，点击"确定"。

（12）将待测溶液装入荧光比色皿，放入仪器荧光架。点击"测量"，按提示逐步操作。记录测量样品溶液的荧光强度、浓度、回归方程、相关系数及样品溶液浓度，计算含量。

（13）工作结束后，清洗荧光比色皿，关闭仪器工作程序窗口。

（14）顺序关闭主板电源、主机电源。

（十三）艾本德 Mastercycler nexus 系列 PCR 仪（附图 5）

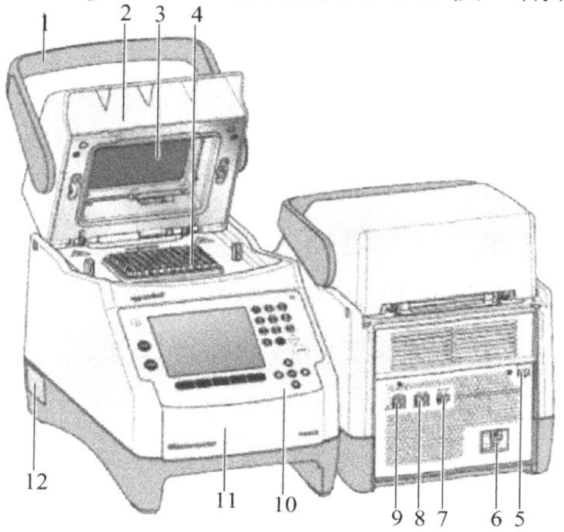

附图 5　艾本德 Mastercycler nexus PCR 仪外观

1—开盖手柄：用于开关热盖；2—热盖；3—加热板；4—加热模板；5—网线接口；6—电源开关
（0—电源关；1—电源开）；7—Eco 开关和信号终端 on/off 开关；8—控制器局域网（CAN）输出端口；
9—控制器局域网（CAN）输入端口；10—控制面板；11—USB 端口盖；12—铭牌

操作步骤：

1. 登录

（1）按"enter"键打开用户列表。

（2）利用方向键选择用户。

（3）按"enter"键或"确认"键确认。

（4）利用方向键进入密码栏。

（5）输入密码，按"enter"键或"确认"键确认。

2. 创建新文件夹和程序

（1）利用方向键选择用户或文件夹。

（2）按"新文件夹"键创建新文件夹，按"新程序"键创建新程序。

（3）输入新文件夹或新程序的名称和注释。

（4）创建新程序时，可在"使用模板"菜单中选择程序模板作为参考，共 17 种模板可选。

（5）按"确认"键确认。

3. 编辑程序

（1）利用方向键选择程序。

155

（2）打开程序编辑器。

（3）通过方向键移动光标，选择程序步骤。

（4）输入温度、保持时间和循环数。

（5）按"enter"键确认。

（6）按"首选项"键设定热盖温度、热盖功能和温控模式。

（7）确认后自动返回到程序编辑器。

（8）按"插入"键在光标左侧插入程序。

（9）按"选项"键设置梯度、温度增量、升降温速率等特殊功能。

（10）显示在加热模块中设置好的每列的梯度温度，也可以进行梯度设置。

（11）确认全部程序步骤。

（12）保存修改。

（13）进入下一页。

（14）退出程序编辑器。

4. 程序编辑器结构（附图6）

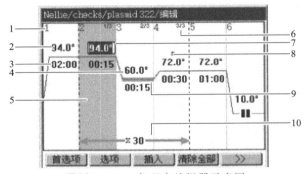

附图6　PCR仪程序编辑器示意图

1—程序步骤序号

2—模块温度（℃）：在相应的步骤中，模块按设定的温度加热或冷却

3—保温时间（min:s；分:秒）：模块在设定的温度持续保持时间

4—梯度步骤的平均温度：当使用梯度功能时，模块上的温度按照由左至右依列升高，此处显示的平均温度

5—光标所在的程序步骤：选择的程序步骤以蓝色光标表示，新步骤可以在光标所在步骤的前方插入

6—循环内的步骤序号及总步骤数：右上角显示在循环内的步骤序号和总步骤数，如2/3表示一个3步循环中的第2步

7—激活的输入区使用数字按键进行输入

8—有特殊设置的程序步骤：如果程序步骤上有星号标示，说明该步骤有温度或保持时间的增减或升降温速率的降低

9—梯度设置标识设置梯度模式的步骤会显示三条横线

10—循环数：表示绿箭头指示的程序步骤需要重复运行的次数

5.启动和运行程序

（1）利用方向键选中所有程序。

（2）放入样品管。

（3）关闭热盖。

（4）按"开始"键开始运行程序。

（5）如连接多个 PCR 仪，选择使用的 PCR 仪。

（6）按"enter"键或"确认"键确认，程序开始运行。

（7）在程序运行的状态界面，可实现以下功能：

"暂停"键：暂停程序。

"终止"键：终止程序。

"继续"键：恢复已暂停的程序。

十一、实验室常用器皿、耗材及仪器

器皿、耗材及仪器名称	规格	数量/组
接种环	3mm	1 根
接种棒	10cm	1 根
培养皿	90mm	10 套
镊子	中号	1 支
酒精灯		1 台
试管	15×150mm	20 支
试管架	17mm 30 孔	1 个
载玻片	25mm×7mm	15～20 片
锥形瓶	50mL、100mL、150mL、500mL	各 12 个
离心管	1.5mL、2mL、10mL、50mL	各 30 个
移液器	1000～5000μL、100～1000μL、10～100μL、0.5～10μL	各 1 支
吸头	10μL、200μL、1mL、5mL	各 1 盒
注射器	5mL	3 个
针式溶剂过滤器	0.22μm	5 个
容量瓶	5mL	3 个
涂布器	不锈钢	1 个
酒精棉球		1 瓶
玻璃棒	15mm	1 根
烧杯	50mL、400mL、800mL	各 10 个

器皿、耗材及仪器名称	规格	数量/组
铁架台	200mm×140mm×60mm	1个
透析袋夹子	6cm	2个
透析袋	截留分子量1000	15cm
砂板闪式色谱柱	长度20cm;外径32mm;孔径10～15μm	1个
普通烧瓶夹	长度25cm	2个
铁架台十字架	中	2个
量筒	50mL	2个
洗瓶		1个
pH计	奥立龙PHS-3C	1台
显微镜	重庆光电仪器厂(有油镜)	1台
恒温磁力搅拌水浴锅	上海雷磁	5台(公用)
旋涡振荡器混合仪	其林贝尔QL-866	5台(公用)
PCR仪	艾本德Mastercycler nexus	1台(公用)
荧光分光光度计	日立F4500	1台(公用)
发酵罐	BIOTECH(5L)	2台(公用)
立式压力蒸汽灭菌器	上海博讯实业有限公司医疗设备厂YXQ-LS-5OSⅡ	2台(公用)